高职高专艺术设计类规划教材

建筑艺术欣赏

JIANZHU YISHU XINSHANG

主编 鲁毅 张迪 任丽坤

中国建材工业出版社

图书在版编目(CIP)数据

建筑艺术欣赏 / 鲁毅，张迪，任丽坤主编. — 北京：
中国建材工业出版社，2014.11（2021.2重印）
高职高专艺术设计类规划教材
ISBN 978-7-5160-0811-9

Ⅰ. ①建… Ⅱ. ①鲁… ②张… ③任… Ⅲ. ①建筑艺
术－鉴赏－世界－高等职业教育－教材 Ⅳ. ①TU-861

中国版本图书馆CIP数据核字(2014)第085219号

内 容 简 介

　　本书以经典建筑艺术欣赏为切入点，以建筑艺术发展历史为主线，从室内、外环境艺术设计角度
对建筑艺术发展进行了全面阐释。内容包括源远流长的建筑艺术、西方古典建筑艺术、中国古典建筑艺
术、探索新建筑四个教学模块，下设十三个教学课题，并以具体的学习任务实施教学。教材采用任务驱
动的编写方式，围绕建筑艺术专业的学习任务，将教学重点、课程内容、能力结构以及评价标准有机衔
接和贯通。

　　本书可作为高职高专、中等职业学校艺术设计类专业教材，也可以作为相关技术培训或素质教育
教材。

建筑艺术欣赏

鲁毅　张迪　任丽坤　主编

出版发行：中国建材工业出版社
地　　址：北京市海淀区三里河路1号
邮　　编：100044
经　　销：全国各地新华书店
印　　刷：北京天恒嘉业印刷有限公司
开　　本：787mm×1092mm　1/16
印　　张：9
字　　数：225千字
版　　次：2014年11月第1版
印　　次：2021年2月第5次印刷
定　　价：56.00元

本社网址：www.jccbs.com.cn　微信公众号：zgjcgycbs
本书如出现印装质量问题，由我社市场营销部负责调换。联系电话：（010）88386906

PREFACE 前言

从 20 世纪 80 年代开始，从最初的"室内装饰"到"建筑装饰"再到"室内设计"，后又在"室内设计"的基础上拓宽的"环境艺术"，一直到 90 年代末期，又有"环境艺术设计"的产生。这些与建筑艺术相关的专业，在短短 30 年的发展时间里，作为一个年轻而又蓬勃发展的新兴领域，被誉为 21 世纪的"朝阳产业"，正展现出强劲的发展势头。

在步入 21 世纪的今天，我国大多数院校都开设了这些相关专业，其中职业院校已经近百所。由于我国这些行业领域起步较晚，发展很快，行业建设还很不规范，人们多以功利的眼光和心态来认识和从事这一行业，忽视了作为职业人的职业精神、道德水准、职业能力等方面的发展，以至于直接影响了行业的社会声誉和地位，进而误导学生忽视专业的常识学习与训练，急功近利。如何突出培养特色，突出实践和职业特性，如何适应市场需要，培养高素质的复合型人才是亟待解决的问题。深入理解和把握"育人"内涵，将职业精神培养深化于学校教育教学的过程中，不仅要培养优秀的"职业人"，而且更要培养合格的"社会人"，将具备一定理论素养的高素质、高能力的高级职业者输送给社会。重视专业理论建设，明确对专业内涵的理解，把握和调整专业定位，"必须、够用、实用"，是促进这一专业领域职业教育健康发展的前提。类似建筑艺术欣赏这样的课程，无论作为艺术设计基础课程，还是其他专业的人文素质课程，在新一轮职业教育改革中应发挥其不可或缺的作用。

本书总结近二十年相关教学过程的重点和难点，以能力教育为中心，注重教学内容的实用性、完整性和延展性；结合中西、古今经典建筑作品，尝试以经典建筑艺术欣赏作为载体贯穿教学全过程；引导学生发现与欣赏、启发与感受，主动辨别审美与艺术的发展规律；将复杂的建筑理论阐释变成经典建筑作品的欣赏，注重实际经典案例与美学特征的融会贯通。

本书在编写过程中，参考了诸多行业领域专家的研究成果，并借鉴了同行的著作，在此表示诚挚谢意。由于时间仓促，编者经验不足，书中难免会有疏漏，编者深表歉意，敬请各位专家批评指正。

编者

2014 年 6 月

中国建材工业出版社
China Building Materials Press

我 们 提 供

图书出版、图书广告宣传、企业/个人定向出版、设计业务、企业内刊等外包、代选代购图书、团体用书、会议、培训，其他深度合作等优质高效服务。

编 辑 部
010-88364778

出版咨询
010-68343948

市场销售
010-68001605

门市销售
010-88386906

邮箱：jccbs-zbs@163.com　　　网址：www.jccbs.com.cn

发展出版传媒　服务经济建设

传播科技进步　满足社会需求

CONTENTS 目录

目录　CONTENTS

模块一

源远流长的建筑艺术

建筑的概念是什么？

建筑艺术是怎么产生的？

建筑是如何发生、发展及演变的？

人类文明史的第一页的伟大建筑是如何创造的？

现在这些珍贵的古代文化遗产还有哪些？

课题一　建筑的起源与发展

内容简介：早在原始社会初期，人类最初是以狩猎和采集为主，为了遮风避雨和躲避虫兽的侵扰，人们住的是地下的洞穴或树上的木构，称为穴居和巢居。后来人们学会了农作和畜牧，生产和生活方式都发生了变化，居住形式也随之得到改善和发展，出现了用木头和石头建造的地面建筑，在漫长的人类建筑历史长河中，随着建筑材料越加多样，建造技术不断进步，建筑形式也日趋丰富。建筑的发展史表明，建筑并不仅仅具有遮风挡雨、御寒避暑的功能，它还同时具有社会文化功能和艺术功能，它是社会历史演进的里程表，是各个民族、各个时期人类艺术才智的丰碑。中西方建筑的发展，作为容量巨大的文化载体，反映了各自民族鲜明的特色。东西方建筑的发展体现了地理、气候、历史文化的差异。

任务一　建筑的起源（原始居住与建筑萌芽）

■ 建筑艺术欣赏

图1-1　半坡居屋遗址

图1-2　河南偃师二里头商代宫殿遗址

图1-3　山西岐山凤雏村遗址

图1-4　河南安阳小屯村贵族墓

图 1-5 洞穴式住宅

图 1-6 沈阳新乐遗址

图 1-7 云南干阑式建筑

图 1-8 陕西窑洞式住宅

图 1-9 云南泸沽湖畔井干式民居

图 1-10 湖南凤凰古城

图 1-11 山西王家大院

图 1-12 丽江古城

■ 建筑范例

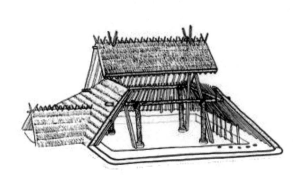

图 1-13　半坡村方形房屋遗址复原图

图 1-14　半穴居建筑复原图

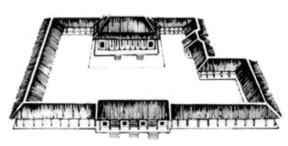

图 1-15　河南偃师二里头复原图

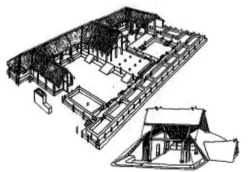

图 1-16　山西岐山凤雏村遗址（复原图）

【范例分析】

一、穴居——寻找遮风避雨的住所

在生产力水平低下的状况下，天然洞穴显然首先成为最宜居住的"家"。从早期人类的北京周口店、山顶洞穴居遗址开始，原始人居住的天然岩洞成为了当时的主要居住方式，它满足了原始人对生存的最低要求。

进入氏族社会以后，随着生产力水平的提高，房屋建筑也开始出现。但是在环境适宜的地区，穴居依然是当地氏族部落主要的居住方式，只不过人工洞穴取代了天然洞穴，且形式日渐多样，更加适合人类的活动。例如在黄河流域有广阔而丰厚的黄土层，土质均匀，含有石灰质，有壁立不易倒塌的特点，便于挖作洞穴。因此原始社会晚期，竖穴上覆盖草顶的穴居成为这一区域氏族部落广泛采用的一种居住方式。同时，在黄土沟壁上开挖横穴而成的窑洞式住宅，也在山西、甘肃、宁夏等地广泛出现，其平面多为圆形，和一般竖穴式穴居并无差别。随着原始人营建经验的不断积累和技术提高，穴居从竖穴逐步发展到半穴居，最后又被地面建筑所代替。

二、巢居——架构防潮遮阳的乐园

与北方流行的穴居方式不同，南方湿热多雨的气候特点和多山密林的自然地理条件自然孕育出云贵、百越等南方民族"构木为巢"的居住模式。"巢居"为初期的干阑式建筑，如长江下游河姆渡遗址中就发现了许多干阑建筑构件。干阑式民居是一种下部架空的住宅，它具有通风、防潮、防盗、防兽等优点，对于气候炎热、潮湿多雨的地区非常适用。

■ 相关知识

一、中国古村落

住宅是人类最早的一种建筑类型。旧石器时代的天然洞穴、构木为巢、冬窟夏庐均是远古的住宅方式。人类第一次劳动大分工，即农业的出现而形成固定的居民点——聚落；人类第二次劳动大分工，即商业手工业从农业中分化出来，聚落分化成以农业为主的乡村和以商业手工业为主的城市。聚落则由于城市和乡村的区别而面貌各异，城市自成体系，乡村却由于中国古代农业社会发展的延续性，一直保留早期聚落的两大特征：第一，以适应地缘（如当地的地理、气候、风俗等）展开生活方式，汉族以农业活动为主；第二，以家族（原始社会为氏族）的血缘关系为生存纽带。

二、中国古城镇

中国奴隶社会，始于夏。虽然至今还没有足够的实物证明城镇的存在，但是当时已有"筑城以卫君"和"日中而市"的传说。迄今为止，我国考古发掘出来的最早的城镇遗址为殷代的商城。在奴隶社会之后，我国进入了漫长的封建社会。随着社会的进步，城镇发展的速度加快了，主要反映在城镇数量的增加和城镇规模的扩大上。封建社会的城镇作为一个地区的政治、经济、文化中心的作用没有改变，同时它还起着战争中重要据点的作用。秦灭六国统一中国后，拆除各国都城城墙，并将大量人口集中于首都咸阳。

唐朝国势强盛，经济发达，促进了城镇的建设。唐长安以人口百万，占地 84km^2 而居当时世界城池之冠。明、清北京城是我国封建社会后期都城的杰出代表，它反映了我国封建社会城镇建设的极大成就，也是我国现存下来最完好、规模最大的古代都城。北京城以其优美的城镇风貌，享誉世界。

■ 欣赏、要点及提示

文献记载的巢居，被认为是干阑式建筑的最早前身。干阑式建筑是指在木（竹）柱底架上建筑的高出地面的房子。其具体构筑办法是用竖立的木桩为基础，其上架设竹、木质大小龙骨作为承托地板悬空的基座，基座上再立木柱和架横梁，构筑成框架状的墙围和屋盖，柱、梁之间或用树皮茅草、竹条板块或用草泥填实（图1-17）。

图 1-17　从原始巢居到干阑式建筑

任务二　建筑的发展

■ 建筑艺术欣赏

图 1-18　苏州狮子林

图 1-19　圣马可教堂

图 1-20　宋朝应县木塔

图 1-21　雅典卫城帕特农神庙

图 1-22　元代永乐宫三清殿外观

图 1-23　法国卢浮宫

图 1-24　南京灵谷寺的无梁殿

图 1-25　罗马耶稣会教堂

■ 建筑范例

图 1-26　古罗马角斗场外观

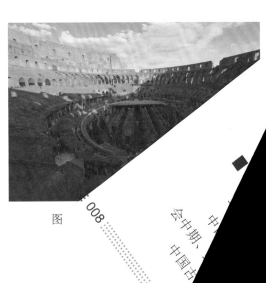

图

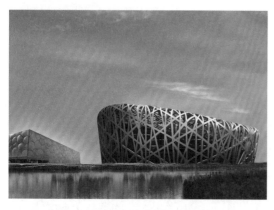

图 1-28　国家体育场外观结构　　　　　　　　图 1-29　国家体育场内部空间

【范例分析】

古罗马角斗场（图 1-26、图 1-27）也称科洛西姆斗兽场，因建于弗拉维尤斯掌政时期，故又称"弗拉维尤斯圆剧场"，是古罗马建筑中，在新观念、新材料、新技术的运用上具有代表意义的建筑艺术典范。古罗马角斗场规模宏大，设计精巧，具有极强的实用性。其建筑水平更是令人惊叹，可以说在当时达到了登峰造极的地步。欧洲的许多其他地区，直到千年以后，才出现了同等程度的建筑。尤其是它的立柱与拱券的成功运用，它用砖石材料，利用力学原理建成的跨空承重结构，不仅减轻了整个建筑的重量，而且让建筑物具有一种动感和向外延伸的感觉。这种建筑形式对后世的影响极大，直到今天，建筑学界仍然在广为借鉴。而古罗马角斗场的建筑结构、功能和形式，更成为了露天建筑的典范。在体育建筑中一直借用，可以说现代体育场的设计思想就是源于古罗马的角斗场。

国家体育场"鸟巢"（图 1-28、图 1-29）的设计师是赫尔佐格、德梅隆。国家体育场坐落在奥林匹克公园中央区平缓的坡地上，场馆设计如同一个巨大的容器，高低起伏变化的外观缓和了建筑的体量感，并赋予了体育场戏剧性和具有震撼力的形体，体育场的空间效果既具有前所未有的独创性，又简洁、典雅。体育场的外观为纯粹的结构，立面与结构达到完美的统一。结构的组件相互支撑，形成网格状的构架，其立面、楼梯及屋顶完美有机地融为一体，宛如金属树枝编制而成的巨大鸟巢。作为北京奥运会的场馆，"鸟巢"创造了"世界之最"——世界上跨度最大的钢结构建筑。

相关知识

一、中国古建筑的发展

国古建筑发展阶段主要分为五段：原始社会、奴隶社会、封建社会前期、封建社封建社会后期，有三个高潮。

代建筑发展史上的第一个高潮在公元前 221 年，秦始皇吞并了韩、赵、魏、楚、燕、齐六国之后，建立起中央集权的大帝国，并且动用全国的人力、物力在咸阳修筑都城、宫殿、陵墓。秦、汉五百年间，由于国家统一，国力富强，中国古建筑在自己的历史上出现了第一次发展高潮。其结构主体的木构架已趋于成熟，重要建筑物上普遍使用斗拱。屋顶形式多样化，庑殿、歇山、悬山、攒尖、囤顶均已出现，有的被广泛采用。制砖及砖石结构和拱券结构有了新的发展。

中国古代建筑发展史上的第二个高潮是隋、唐时期的建筑，既继承了前代成就，又融合了外来影响，形成为一个独立而完整的建筑体系，把中国古代建筑推到了成熟阶段，并远播影响于朝鲜、日本。唐代长安城规模之大，被列入人类进入资本主义社会之前城市中的世界第一。唐代是中国建筑发展的最高峰，其大建筑群布局舒展，前导空间流畅，个体建筑结构合理有机，斗拱雄劲。建筑风格明朗、雄健、伟丽。这一时期中国建筑体系达到成熟。

中国古代建筑发展史上的最后一个发展高潮是在元、明、清三朝，其间除了元末、明末短时割据战乱外，大体上保持着中国统一的局面。明清建筑则成为中国封建社会建筑的最后一个高潮。明代在经历数个少数民族统治的朝代以后以一切恢复正统为国策，建筑方面制定了各类建筑的等级标准。明代修建的紫禁城宫殿、天坛、太庙、陵墓等都是规则严整的杰出之作。清代的造园和创造出体量极大的汉藏混合式建筑也是值得肯定的发展。

二、西方古建筑的发展

西方古建筑的发展历程主要分为欧洲古典建筑时期、中世纪、文艺复兴时期、19世纪末复古思潮及工业革命时期、新建筑运动时期等几个主要时期（图1-30）。

在西方建筑起源的早期，古埃及特别重视建造陵墓，形成了举世闻名的金字塔群，古埃及除了最伟大、最完美的建筑物金字塔外，还有神庙、石窟庙、石窟墓和住宅等。古希腊的建筑，高贵纯朴，壮穆宏伟，是西欧建筑的开拓者。它的一些建筑物的形制，石制梁柱结构构件和组合的建筑形式，建筑物和建筑群设计的一些原则，都成为西欧建筑的典范。特别是留给人类最宝贵的遗产——"柱式"这一建筑造型的基本元素，历经两千多年仍长盛不衰。古罗马建筑继承了古希腊的建筑成就，发展达到了世界奴隶制时代建筑的最高峰，是世界建筑史最光辉的一页。

"罗马风"是西方建筑的又一重要时期，这一时期的建筑有两个显著成就：一是建筑结构在空间塑造方面起了重要作用，结构形式和建筑艺术向着有机结合的方面发展；二是建筑内部空间已具有动态感，这种动态反映在立面上是一种强烈的垂直升腾感。

文艺复兴时期的建筑不是简单的模仿或照搬希腊罗马的式样，它在建筑理论上、建造技术上、规模和类型上以及建筑艺术手法上都有很大的发展。埋没了近千年的古典柱式重新受到重视，又被广泛地应用于各种建筑中，成为文艺复兴时期建筑构图的主要手段。这一时期建筑理论十分活跃，激励着建筑文化的发展。

古典主义使法国建筑达到了崭新的阶段，获得重大成就，并产生了深远的影响。

工艺美术运动是在英国出现的小资产阶级浪漫主义思想的反映，是以拉丝金和莫里斯为首的一些社会活动家的哲学观点在艺术上的表现。在建筑上主张建造"田园式"住宅，来摆脱古典建筑形式。

新艺术运动开始于19世纪80年代比利时的布鲁塞尔，主张创造一种前所未有的，能适应工业时代精神的简化装饰，反对历史式样，目的是想解决建筑和工艺品的艺术风格问题。其建筑风格主要表现在室内，外形一般简洁。

维也纳学派以瓦格纳为首，认为新结构、新材料必导致新形式的出现，反对使用历史式样。北欧对新建筑的探索，他们反对折中主义，提倡"净化"建筑，主张表现建筑造型的简洁明快及材料质感。美国芝加哥学派是美国现代建筑的奠基者，他们在工程技术上创造了高层金属框架结构和箱形基础，建筑造型上趋向简洁，并创造独特风格，对现代建筑影响较大（图1-30）。

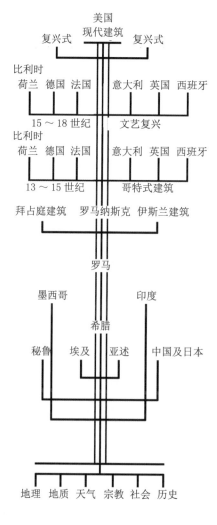

图1-30　弗莱彻建筑之树

■ 欣赏、要点及提示

与中国框架式结构不同的是，西方古典建筑以石构为主的结构特点带来的是柱式建筑的发展。首先出现的是古希腊神庙建筑所运用的围柱式。围柱式是指在神庙的四周围以高大的石柱，排列成一个石柱长廊，以扩大建筑的空间，增强建筑的装饰性和神圣感。在这里，柱子成为建筑的主要构件。到公元前 6 世纪，它们已经相当稳定，并且有了成套的做法，这套做法被罗马人称之为"柱式"。古希腊创造了三种柱式，西方建筑在装饰美上的发展，如巴洛克、洛可可等风格都是从柱式的柱础和柱头出发进行较大规模的美化，从而形成自己独特艺术风格的（图 1-31、图 1-32）。

西方建筑在墙体承重上一般采用"拱券"。由于各种建筑类型的不同，拱券的形式略有变化。半圆形的拱券为古罗马建筑的重要特征，尖形拱券则为哥特式建筑的明显特征，而伊斯兰建筑的拱券则有马蹄形、弓形、三叶形等多种。拱券利用半圆形的跨度和对压力的分散作用，大大延伸了建筑的尺度，使宫殿和教堂的内部更加壮观（图 1-33、图 1-34）。

图 1-31 古希腊神庙遗址

图 1-32 古希腊神庙远景

图 1-33 古罗马"拱券"

图 1-34 哥特式"拱券"

课题二　中、西方建筑文化的对比与交流

　　内容简介：中西方建筑各自从不同的空间环境经过几千年的漫长演变，形成了两种独特的建筑体系，这两种体系虽然在漫长的发展过程中偶有交流，但在最后呈现出完全不同的建筑特征。本课题从建筑的相关要素入手，对中西方建筑的差异性和相同点进行了分析和探讨，阐述了造成中西方建筑异同的原因，以期寻找中、西方建筑文化的对比。

任务一　中、西方古建筑发展差异

■ 建筑艺术欣赏

图 1-35　沈阳故宫内饰

图 1-36　卢浮宫拿破仑餐厅内饰

图 1-37　凡尔赛宫全景

图 1-38　沈阳故宫全景

图 1-39 水桥之乡苏州

图 1-40 水城威尼斯

图 1-41 秦始皇陵

图 1-42 古代埃及金字塔

■ 建筑范例

图 1-43 法国巴黎凯旋门

图 1-44 君士坦丁凯旋门

图 1-45 平壤凯旋门

【范例分析】

巴黎凯旋门（图1-43），位于巴黎戴高乐星形广场的中央，又称星形广场凯旋门，为巴黎四大代表建筑之一，设计师是沙勒格兰。凯旋门全部由石材建成，为单一拱形门，高48.8 m，宽44.5 m，厚22 m，中心拱门宽14.6 m。四面各有一门，门上有许多精美的雕像，门内刻有跟随拿破仑·波拿巴远征的286名将军的名字，门上刻有1792年至1815年间的法国战事史。外墙上刻有取材于1792～1815年间法国战史的巨幅雕像。所有雕像各具特色，同门楣上花饰浮雕构成一个有机的整体，俨然是一件精美动人的艺术品。正面有四幅浮雕——《马赛曲》、《胜利》、《抵抗》、《和平》。

君士坦丁凯旋门（图1-44），位于斗兽场旁边。公元315年，为纪念君士坦丁大帝在312年打败一起执政的马森奇奥而建造的。君士坦丁凯旋门长25.7 m，宽7.4 m，高21 m，拥有3个拱门，其上的雕塑精美绝伦、恢宏大气，千年逝去，已是残迹斑斑，却仍在风雨中与古罗马角斗场共同见证罗马的辉煌。古罗马时代共有21座凯旋门，但是现在罗马城中仅存3座，君士坦丁凯旋门就是其中的一个。

平壤凯旋门（图1-45），是为了庆祝朝鲜的领袖金日成两次战胜入侵朝鲜的日本及美国入侵者，使朝鲜获得独立及建立社会主义制度的国家而建造的。平壤凯旋门其规模居世界诸凯旋门之冠。它用了10500多块花岗石建造，高60 m，宽52.5 m，拱形门洞高27 m，宽18.6 m。4根花岗石支柱上，刻有金日成投身抗日战争的公元1925年及凯旋归国的1945年，并有浮雕。它的东面和西面的墙面有长白山的浮雕，南面及北面的墙面则雕刻有朝鲜民谣。

■ 相关知识

一、中、西方古建筑发展差异

1. 建筑材料木与石的区别

建筑材料受当地自然条件的影响，中国盛产木材，中国古代建筑作为世界三大建筑体系之一，最能区别于别的建筑的就是木建筑。西方盛产石材，西方建筑于是对石情有独钟，特别是大理石。木材相对于石材来说，比较容易加工、搬运，但因其耐火性能差、易被虫蚀，故而没有石材耐用。所以，中国现存的古建筑很少，而西方的很多古建筑至今还保留得非常完好。

2. 建筑结构形式不同

中国古代建筑很早就采用了木架结构的方式。现在保存下来的古建筑绝大部分也是木质结构，即使一些砖筑的佛塔和地下墓室，虽然用的是砖石结构，但它们的外表仍然模仿着木结构的形式，可见木结构在中国古建筑中占统治地位。木架结构，即采用木柱与木梁构成房屋的骨架，屋顶的重量通过梁架传到立柱，再通过立柱传到地面。墙在房屋的架构中不承担主要重量，只起隔断作用。从大量的木架构古建筑中，可以看到木构架具有三种基本方式，即抬梁式、穿斗式和井干式。

而西方石造的大型庙宇的典型形制是围廊式，因此，柱子、额枋和檐部的艺术处理基本上决定了庙宇的面貌。希腊建筑艺术的种种改进，也都集中在这些构件的形式、比例和相互组合上。公元前6世纪，它们已经相当稳定，有了成套的做法，这套做法以后被罗马人称为"柱式"。

3. 建筑空间的布局不同

因中西方制度文化、性格特征不同，建筑空间布局也就有很大的不同。中国建筑是封闭的群体空间格局，在地面平面铺开。中国无论何种建筑，从住宅到宫殿，几乎都是一个格局，类似于四合院的模式，中国建筑的美又是一种集体的美。例如，北京明清宫殿、明十三陵，都是以重重院落相套而构成规模巨大的建筑群，各种建筑前后左右有主有宾合乎规律地排列着，体现了中国古代社会结构形态的内向性特征、宗法思想和礼教制度。与中国不同，西方建筑是开放的单体空间布局向高空发展。从古希腊、古罗马的城邦开始，就广泛地使用柱廊、门窗，增加信息交流及透明度，以外部空间来包围建筑，以突出建筑的实体形象。这与西方人很早就经常通过海上往来互相交往及社会内部实行奴隶民主制有关，古希腊的外向型性格和科学民主的精神不仅影响了古罗马，还影响了整个西方世界。以相近年代建造、扩建的北京故宫和巴黎卢浮宫比较，前者是由数以千计的单个房屋组成的波澜壮阔、气势恢宏的建筑群体，围绕轴线形成一系列院落，平面铺展异常庞大；后者则采用体量的向上扩展和垂直叠加，由巨大而富于变化的形体，形成巍然耸立、雄伟壮观的整体。

4. 建筑的发展不同

从建筑的发展过程看，中国建筑是保守的，据文献资料可知，中国的建筑形式和所用的材料3000年不变。与中国不同，西方建筑经常求变，其结构和材料演变得比较急剧。从希腊雅典卫城上出现的第一批神庙起到今天已经2500余年了，期间整个欧洲古代的建筑形态不断演进、跃变着。从古希腊古典柱式到古罗马的拱券、穹顶技术，从哥特建筑的尖券、十字拱和飞扶壁技术到欧洲文艺复兴时代的罗马圣彼得大教堂，无论从形象、比例、装饰和空间布局，都发生了很大变化。这反映了西方人敢于独辟蹊径、敢于创新的精神。

5. 建筑装饰色彩不同

中国古建筑的色彩随着阶级的产生，逐步成为政治、宗教的服务工具。《周礼》记载："以玉做六器，以礼天地四方，以苍璧礼天，以黄琮礼地，以青圭礼东方，以赤璋礼南方，以白琥礼西方，以玄璜礼北方，皆有牲币，各放其玉之色。"色彩已用于政治礼仪之中。在中国古代建筑色彩已经起到了"明贵贱、辨等级"的作用。以宋代和元明清三代为例：宋代喜欢清淡高雅，重点表现品位，建筑彩画和室内装饰色调追求稳而单纯，是受宋代儒家和禅宗哲理思想影响。这时期，往往将构件进行雕饰，色彩是青绿彩画，朱金装修，白石台基，红墙黄瓦综合运用。

元明清三代是少数民族与汉族政权更迭时期，除吸收少数民族成就外，明代继承宋代清淡雅致传统，清代则走向华丽繁琐风格。元代室内色彩丰富，装修彩画红、黄、蓝、绿等色均有。明代色泽浓重明朗，用色于绚丽华贵中见清秀雅境。清代油漆彩画流行，民宅色彩多为材料本色，北方灰色调为主，南方多粉墙，青瓦、梁柱用深棕色，褐色油漆，与南方常绿自然环境协调。

在古希腊的建筑群中，几乎到处都能看到艳丽的色彩。从现存遗留下来的大理石顶部残物色迹推测，那里有最早的红、黄、蓝、绿、紫、褐、黑和金等色彩，神庙岩口和山花及柱头上不但有精美的雕刻，也有艳丽的色彩。如多立克式柱头上涂有蓝与红色，爱奥尼式建筑除蓝与红外，还用金色，科林斯式则对金的使用较盛行。帕特农神庙在纯白的柱石群雕上配有红、蓝原色的连续图案，还雕有金色银色花圈图样，色彩十分鲜艳。在古希腊，色彩是他们宗教观的反映，使用色彩已具有象征意义。红色象征火，青象征大地，绿象征水，紫象征空气，通过色彩表现着他们的宗教信仰。他们多运用红色为底色，黑色为图案或相反使用，这种对比产生一种华贵感。

古罗马继承了古希腊文化并没有创新，罗马贵族爱好奢华，为了装饰宏大的公共建筑和华丽的宅邸、别墅等，各种装饰手段都予以运用。室内喜用华丽耀眼的色彩，红、黑、绿、黄、金等，墙上有壁画，色彩运用十分亮丽，还通过色彩在墙面上模仿大理石效果，并在上面以细致的手法绘制窗口及户外风景，常常以假乱真。古罗马艳丽奢华的装饰风格影响了整个欧洲。

■ 欣赏、要点及提示

建筑，作为人类创造出来的物质之一，被深深地刻上了人们意识形态的烙印。正是东西方文化的差异，使得古代建筑的发展有着各自的特色，也形成了多元化的建筑风格（图 1-46～图 1-55）。

图 1-46　中国古代建筑天坛

图 1-47　西方砖石建筑圣彼得大教堂

图 1-48 五台山佛光寺建筑结构

图 1-49 帕特农神庙建筑结构

图 1-50 明十三陵

图 1-51 金字塔

图 1-52 苏州狮子林

图 1-53 庞贝城

图 1-54 故宫养心殿室内装饰

图 1-55 圣索菲亚大教堂室内色彩

模块二

石材演绎的经典
——西方古典建筑艺术

　　其实建筑风格也和所有艺术一样，总离不开人们所处的地理位置、历史环境、传统习俗和文化艺术，这些不同国度、不同地域、不同民族，经过长期的实践和发展才形成各自不同的建筑风格。在希腊、罗马、法兰西、德意志、西班牙、俄罗斯，都有各自的建筑风格。是石材演绎的经典，成就了西方古典建筑艺术。西方古典建筑文化是欧洲建筑文化的源泉，其发源于古代的希腊，罗马帝国继承了古希腊的成就，使古典建筑进一步成熟。到了文艺复兴和近代时期，对古典建筑形式的应用也更为自由了。正是由于西方古典建筑融理性美与视觉美于一体，应用石材经典的演绎，才创造了雅典卫城帕特农神庙和罗马圣彼得大教堂这样举世无双的杰作，从而形成了西方世界的建筑典范。

课题三 西方早期古典建筑艺术

内容简介：古代希腊、罗马时期，创造了一种以石制的梁柱作为基本构件的建筑形式，这种建筑形式经过文艺复兴及古典主义时期的进一步发展，一直延续到20世纪初，在世界上成为一种具有历史传统的建筑体系，这就是通常所说的西方古典建筑。西方古典主义建筑造型严谨，普遍应用古典柱式，内部装饰丰富多彩，对欧洲乃至世界许多地区的建筑发展曾发生过巨大的影响，在世界建筑史中占有重要的地位。

任务一 古代埃及的建筑

古埃及时期大型石构建筑在建筑结构、布局和柱式体系等方面形成的宝贵经验，通过其北方征服者传播到地中海另一端的古希腊和古罗马，对此后古希腊和古罗马文明所取得的辉煌建筑成就具有很重要的影响。因此可以说，古埃及建筑不仅是古代建筑文明的重要组成部分，也是开启欧洲古代建筑文明发展的主要源头。

■ 建筑艺术欣赏

图 2-1 吉萨金字塔群

图 2-2 卡纳克阿蒙神（太阳神）庙

图 2-3 昭赛尔金字塔

图 2-4 狮身人面像

图 2-5　胡夫金字塔

图 2-6　卡纳克阿蒙神（太阳神）庙柱式

■　建筑范例

【范例分析】

图 2-7　吉萨金字塔群俯视图

吉萨金字塔群

公元前 3 千纪中叶，在三角洲的吉萨，古埃及人造了三座大金字塔，是古埃及金字塔最成熟的代表，主要由胡夫金字塔、哈佛拉金字塔、门卡乌拉金字塔及狮身人面像组成，形体均呈立方锥形（图 2-7）。

第一座胡夫金字塔塔高 146.6 m，底边长 230.5 m，因年久风化，顶端剥落 10 m，现高 136.6 m。它的规模是埃及迄今发现的 108 座金字塔中最大的。

第二座金字塔是胡夫的儿子哈佛拉国王的陵墓，建于公元前 2650 年，哈佛拉金字塔高 143.5 m，底边长 215.25 m。但建筑形式更加完美壮观，塔前建有庙宇等附属建筑和著名的狮身人面像。

狮身人面像的面部参照哈佛拉，身体为狮子，高约 22 m，长约 46 m，雕像的口宽 2.5 m 多。整个雕像除狮爪外，全部由一块天然岩石雕成。

第三座金字塔属胡夫的孙子门卡乌拉国王，建于公元前 2600 年左右。当时正是第四王朝衰落时期。门卡乌拉金字塔高度突然降低到高 66.4 m，底边长 108.04 m，内部结构现已倒塌。

【范例分析】

作为一种建筑艺术，金字塔具有的庄严、伟大、对称、均衡等因素，与周围的自然环境相配合，构成一个浑然和谐的整体。它的美学特点是形体高大、单纯、稳重、简洁，具有震撼人心的巨大力量。从美学上说是一种直觉、直观的原始性。整齐划一，抽象性，是建筑上最原始的直线条，雄伟、壮观，具有原始美。

■ 相关知识

一、金字塔的演变

大量的石头使金字塔的建造成为可能，金字塔是古埃及皇帝的陵墓，埃及人迷信人死之后，灵魂不灭，因此他们特别重视建造陵墓。

陵墓模仿住宅和宫殿，是因为在初期，陵墓被当作人们死后的住所，一方面人们只能根据日常生活来设想死后的生活，另一方面，人们只能以最熟悉的建筑物为蓝本，探索其他各种建筑物的形制和形式。

陵墓包括墓室和祀厅两部分，有财有势人家的陵墓很考究。早在公元前 4000 年，除了宽大的地下墓室之外，他们还在地上用砖造了祭祀的厅堂，仿照在古埃及比较流行的住宅，像略有收分的长方形台子，这种墓叫玛斯塔巴（图 2-8），历史上比较有名的是孟菲斯的玛斯塔巴（图 2-9）。

第一王朝皇帝乃伯特卡墓，在祭祀厅堂下造了 9 层砖砌的台基，这是集中式纪念性构图的萌芽。祀庙设在 9 层台基的顶部。

阶梯形金字塔出现在公元前 2686 年至公元前 2613 年的第三王朝时期，是为昭赛尔王修建的墓葬建筑。昭赛尔金字塔是在一座长方形平面的玛斯塔巴基础上形成的 6 层阶梯式金字塔，它不仅是第一座全部由经过打磨的石材建造的初具金字塔形式特点的陵墓建筑，也是一座以法老金字塔建筑为中心，带有独立祭庙、皇室成员和官员的陵墓等附属建筑的大型陵墓建筑群（图 2-10）。

达舒尔的折线形金字塔，是从早期大型的马斯塔巴向成熟的金字塔形式过渡的重要标志。第四王朝大约从公元前 2613 年延续到公元前 2494 年，吉萨金字塔建筑群是方锥形金字塔群，是由第四王朝胡夫金字塔、哈佛拉金字塔、门卡乌拉金字塔组成。三个金字塔都是精确的正方锥体，其四边分别朝东、西、南、北，而且互以对角线相连。

图 2-8　贵族的"玛斯塔巴"　　　　　　　　图 2-9　孟菲斯的"玛斯塔巴"

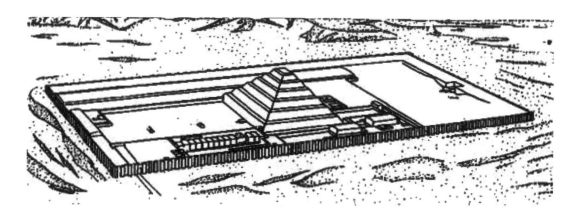

图 2-10　昭赛尔金字塔

二、古埃及神庙建筑

中王国时期的祀庙，包括后来底比斯的地方神阿蒙的庙都采用在一条纵轴线上依次排列高大的门、围柱式院落、大殿和一串密室的布局。太阳神成为主神之后，也采用了这个形制，同时在门前立上一二对作为太阳神的标志的方尖碑。

埃及神庙建筑的布局遵循以下规则：神庙在总体上是南北向的长方形，在中轴线上有序地排列着神庙的 5 个部分：塔门、露天庭院、柱子大厅、神殿、库房。这一时期的神庙有两个共同的特点：第一是庙宇的大门，群众性的宗教仪式在它前面举行，力求富丽堂皇，和宗教仪式的戏剧性相适应；第二是大殿内部，皇帝在这里接受少数人膜拜，力求威严和仪典的神秘性相适应。门的样式是一对高大的梯形石墙夹着不大的门道。为了加强门道对石墙的体积的反衬作用，门道上檐部的高度比石墙上的大得多。大门前有一二对皇帝的圆雕坐像，像前有一二对方尖碑。方尖碑的比例通常为 1∶10，瘦削的方尖碑顶上包着金箔，石墙上排列着彩色的浮雕。最为著名的是卡纳克和鲁克索的神庙。

三、古埃及雕刻所谓的正面律

埃及雕刻具有明显的程式化造型：固定的姿态、装束和色彩，类似立体绘画的浮雕，表现人物时，头为正侧面，眼为正面，腰部以下为正侧面，胸上半身为正面，两腿双足同样呈侧面。国王、贵族的雕像尺寸大而基本向右，仆从则不受程式约束，姿态随意，接近于生活中的形象。在埃及雕像造型的特征中，程式化的标准是正面律法则。这种法则源于强烈的宗教感情。

四、古埃及的建筑成就

由于古埃及建筑主要采用梁柱结构，尤其是为了支撑建筑顶部厚厚的石板屋顶，建筑底部的支柱排列非常密集。古埃及以梁柱系统为主的建筑体系逐渐发展成熟，并形成了初步的柱式规则。

古埃及人不仅在大型石材的开凿、运输、结构设计、定位和施工等方面具有很高的技术水平，在建筑空间氛围的营造、雕刻装饰的象征意义等的处理手法上，也已经在结合传统神学思想的基础上，具有了较高的艺术水准。

■ 欣赏、要点及提示

古埃及家具及器物特征

古埃及（公元前3100～前311年）家具特征：由直线组成，直线占优势；动物腿脚（双腿静止时的自然姿势，放在圆柱形支座上）椅和床（延长的椅子），矮的方形或长方形靠背和宽低的座面，侧面成内凹或曲线形；采用几何或螺旋形植物图案装饰，用贵重的涂层和各种材料镶嵌；用色鲜明、富有象征性；凳和椅是家具的主要组成部分，有为数众多的柜子用作储藏衣被、亚麻织物（图2-11）。

古埃及家具对英国摄政时期和维多利亚时期及法国帝国时期影响显著。

图2-11 古埃及家具

任务二　古代希腊的建筑

　　古希腊是西欧建筑的开拓者。它的一些建筑物的形制，石质梁柱结构构件和组合的特定的艺术形式，建筑物和建筑群设计的一些艺术原则，深深地影响着欧洲两千多年的建筑史。

■ 建筑艺术欣赏

图 2-12　帕特农神庙

图 2-13　伊瑞克提翁神庙

图 2-14　胜利女神神庙

图 2-15　雅典的宙斯神庙

图 2-16　迈西尼狮子门

图 2-17　米诺王宫

■ 建筑范例

图 2-18　雅典卫城建筑群

图 2-19　伊瑞克提翁神庙建筑西面外观

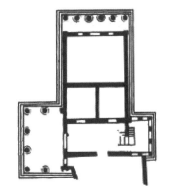

图 2-20　伊瑞克提翁神庙平面图

图 2-21　帕特农神庙

图 2-22　帕特农神庙左半立面

【范例分析】

雅典卫城建筑群

雅典作为全希腊的盟主，进行了大规模的建设。建筑类型丰富了许多，造起了元老院、议事厅、剧场、俱乐部、画廊、旅馆、商场、作坊、船埠、体育场等等公共建筑物。卫城在雅典城中央一个不大的孤立的山冈上，山顶大致平坦，高于平地 70～80 m，东西长约 280 m，南北最宽处约 130 m。

雅典卫城及其主要建筑包括：山门、胜利神庙、帕特农神庙、伊瑞克提翁庙，以及雅典娜雕像。群体布局体现了对立统一的构图原则，根据祭祀庆典活动的路线，布局自由活泼，建筑物安排顺应地势，照顾山上、山下观赏。卫城建筑群的一个重要革新是突破小小城邦国家和地域的局限性，综合了多立克艺术和爱奥尼艺术。这是和雅典当时作为全希腊的政治、文化中心的地位相适应的。两种柱式的建筑物共处，丰富了建筑群。建设中限定使用奴隶的数量不得超过工人总数的 25％。在这种情况下，自由工匠的积极性比较高。

■ 相关知识

一、早期建筑空间

1. 克里特岛米诺斯王宫

米诺斯王宫是克里特文明最伟大的创造，这里不仅是米诺斯王朝的政治、宗教和文化中心，也是建筑中心。克诺索斯的宫殿，楼层密接，梯道走廊曲折复杂，厅堂错落，天井众多，以一个长方形院子为中心，另外还有许多采光通风的小天井，一般是每个小天井周围的房间自成一组。大多数是一二层的，局部到四层。

克诺索斯宫殿庭院西面楼房主要用于办公集会、祭祀和库存财物，东面楼房则是寝宫、客厅、学校与作坊。各层各处都有楼梯相连，尤以庭院东面的中央大楼梯最为宏伟，它有天井取光，三面构成柱廊，梯道宽阔，彩绘艳丽，被誉为王宫建筑最杰出的纪念物。

2. 迈西尼卫城

卫城是希腊半岛上迈西尼的主要建筑物。卫城里有宫殿，贵族住宅、仓库、陵墓等，殿的中心是正厅，正厅当中永不熄的是氏族的祖先崇拜的象征火塘，外面围一道或者几道石墙，有几米厚，石块很大，常有 5～6 t 重，得名为大力神式砌筑。迈西尼卫城的正厅是独立的一栋，四周拥挤着杂乱的建筑物。泰仑卫城的房屋比较整齐，正厅在院落的正面，两侧毗连着其他房屋。

迈西尼卫城有个 3.5 m 宽的狮子门，门上的过梁中央比两端厚，结构上是合理的。它上面发了一个叠涩券，大致呈正三角形，使过梁不必承重。券里填一块石板，浮雕着一对相向而立的狮子，保护着中央一棵象征宫殿的柱子，也是上粗下细的。

二、古希腊建筑三个主要时期

从古希腊文明进程上看大致可以分为三个主要时期：

（1）古风时期，公元前 800 年～前 600 年，纪念性建筑形成。

（2）古典时期，公元前 500 年～前 400 年，纪念性建筑成熟，古希腊本土建筑繁荣昌盛期。

（3）希腊化时期，公元前 400 年～前 100 年，希腊文化传播到西亚、北非，并同当地传统相结合。

三、古希腊雅典卫城建筑群

1. 卫城山门

山门建于公元前 437～前 432 年，建筑师是穆尼西克里。山门仍旧采用 5 柱门廊的形式，两边的两个门廊较窄，中间的门廊较宽且采用坡道形式，以供朝圣的车辆通行（图 2-23、图 2-24）。卫城山门是在极不规则基址上营造出雄伟建筑形象的成功范例，综合运用两种新比例柱式的做法，是卫城建筑既遵守规则又勇于创新的体现。

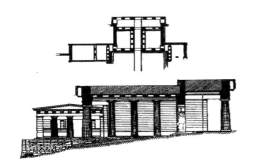 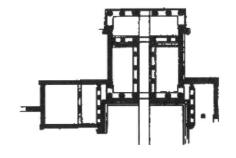

图 2-23　雅典卫城山门剖面　　　　　图 2-24　雅典卫城山门平面

2. 雅典娜·奈基神庙

山门两侧不对称，由南边的胜利神庙取得均衡。这座神庙的体型非常小，面积大约只有 44.28 m²。采用的建筑材料是名贵的彭武里克大理石。这座神庙的主体建筑平面是正方形的，但没有采用传统的围廊建筑形式，而是在建筑前后各加入了一段四柱的爱奥尼门廊。

3. 帕特农神庙

帕特农神庙的建筑规模极为宏伟。它长约 69.5 m，宽约 30.8 m，高约 13.7 m，是一座 8×17 柱的多立克式围廊建筑，也是古希腊建筑与数学成果相结合的产物（图 2-25、图 2-26）。建筑中的所有设置都是为矫正视差所做。纵观整座帕特农神庙，无论是水平或是下垂的线条看起来都是直线，而事实上在这座建筑中并没有一条真正的直线，那些所谓的直线不过是建筑师们凭借着超人的技艺和非凡的判断力，通过对人眼视差的估算进行巧妙弥补后的结果。

图 2-25　帕特农神庙立面

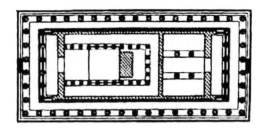

图 2-26　帕特农神庙平面

4. 伊瑞克提翁庙

伊瑞克提翁是传说中的雅典人的始祖。他的这座庙是爱奥尼式的，建于公元前 421 ～前 406 年，建筑师为皮忒欧。它在帕特农神庙之北，基址本是一块神迹地，圣堂横跨在南北向的断坎上，南墙正在东西向断坎的上沿。东部是主要的雅典娜正殿。西部有开刻洛斯的墓，比东部低 3.206 m。在北门前造了面阔三间的柱廊，恰好覆盖了波赛顿的井和古老的宙斯祭坛。为了照顾山下的观瞻，北柱廊进深两间，向前突出到离山顶边缘只有 11 m。这样，从东、西两端看也更匀称一点。南立面是一大片封闭的石墙。伊瑞克提翁庙的各个立面变化很大，体形复杂，但都构图完整均衡，而且各立面之间互相呼应，交接妥善，圆转统一。在整个古典时代，它的形式都是最奇特的，前无古人。

■ 欣赏、要点及提示

一、古希腊家具美学特征

古希腊人（公元前 650 ～前 30 年）生活节俭，家具简单朴素，比例优美，装饰简朴，但已有丰富的织物装饰，其中著名的"克利奈"椅，是最早的形式，有曲面靠背，前后腿呈"八"字形弯曲，凳子是普通的，长方形三腿桌是典型的，床长而直，通常较高，且需要脚凳（图 2-27 ～图 2-29）。

图 2-27　古希腊克里斯莫斯椅

图 2-28　古希腊克利奈躺椅和小桌

图 2-29　古希腊地夫罗斯凳

二、古希腊时期的三种经典柱式

1. 盛期的两大主要柱式的特色

（1）多立克（Doric）柱式。起始于意大利、西西里一带，后在希腊各地庙宇中使用。其特点是比例较粗壮，开间较小，柱头为简洁的倒圆台，柱身有尖棱角的凹槽，柱身收分、卷杀较明显，没有柱础，直接立在台基上，檐部较厚重，线脚较少，多为直面。总体上力求刚劲、质朴有力、和谐，具有男性的体态和雄壮之美。

（2）爱奥尼（Ionic）柱式。产生于小亚细亚地区，其特点是比例较细长、开间较宽，柱头有精巧的圆形涡卷，柱身带有小圆面的凹槽，柱础为复杂组合，柱身收分不明显，檐部较薄，使用多种复合线脚。总体上风格秀美、华丽，具有女性的体态与温柔之美，如胜利神庙的柱式。

2. 晚期成熟的科林斯柱式

科林斯（Corinthian）柱式实际上是爱奥尼克柱式的一个变体，两者各个部位都很相似，比例比爱奥尼克柱更为纤细，只是柱头以毛茛叶纹装饰，而不用爱奥尼亚式的涡卷纹。毛茛叶层叠交错环绕，并以卷须花蕾夹杂其间，看起来像是一个花枝招展的花篮被置于圆柱顶端，其风格也由爱奥尼亚式的秀美转为豪华富丽，装饰性很强，但是在古希腊的应用并不广泛，雅典的宙斯神庙采用的就是科林斯柱式（图 2-30）。

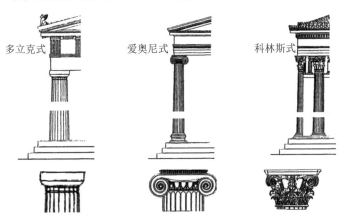

多立克式　　　　爱奥尼式　　　　科林斯式

图 2-30　古希腊三种柱式

任务三　古罗马的建筑

　　古罗马直接继承了古希腊晚期的建筑成就，开拓了新的建筑领域，丰富了建筑艺术手法，在建筑形制、技术和艺术方面的广泛成就达到了奴隶制时代建筑的最高峰。

■ 建筑艺术欣赏

图 2-31　卡拉卡拉浴场近景

图 2-32　罗马大斗兽场远景

图 2-33　卡拉卡拉浴场远景

图 2-34　君士坦丁凯旋门

图 2-35　图拉真广场

图 2-36　罗马大斗兽场内景

■ 建筑范例

图 2-37 万神庙俯视图

图 2-38 万神庙内景

图 2-39 万神庙剖面图

图 2-40 万神庙正面图

图 2-41 万神庙内景

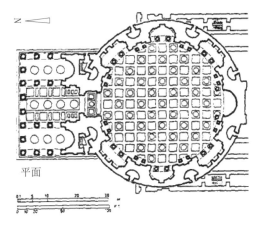

平面

图 2-42 万神庙平面

【范例分析】

神庙

万神庙又叫潘泰翁，采用了穹顶覆盖的集中式形制，重建后的万神庙是单一空间、集中式构图的建筑物的代表，它也是罗马穹顶技术的最高代表。平面与剖面内径都是43.3 m。顶部有直径为8.9 m的圆洞。万神庙的建成，不仅是高超建筑技术水平的象征，也向人们展现了一种新的集中式建筑的空间魅力。

万神庙门廊高大雄壮，面阔33 m，正面有长方形柱廊，柱廊宽34 m，深15.5 m；有科林斯式石柱16根，分3排，前排8根，中、后排各4根。万神庙门廊高大雄壮，柱头和柱础则是白色大理石。山花和檐头的雕像，大门扇、瓦、廊子里的天花是铜做的，包着金箔。万神庙是一座用来供奉罗马神祇和包括奥古斯都在内的古罗马先贤的庙宇，但这座神庙完全颠覆了希腊式神庙的形象，是一座将古罗马原始混凝土浇筑技术与半球形穹顶的新建筑形式相结合的产物（图2-37～图2-42）。

■ 相关知识

一、古罗马分期及其建筑成就

古罗马大致可以分为三个时期：

伊达拉里亚时期，公元前750年～前300年；

罗马共和国时期，公元前510年～前30年；

罗马帝国时期，公元前30年～475年。

1～3世纪是古罗马建筑最繁荣的时期。重大的建筑活动遍及帝国各地，最重要的集中在罗马本城。建筑材料除砖、木、石外，还使用了火山灰制的天然混凝土，并发明了相应的支模、混凝土浇灌及大理石饰面技术。结构方面在伊特鲁里亚和希腊的基础上发展了梁柱与拱券结构技术。拱券结构是罗马最大成就之一，种类繁多。古罗马建筑的成就凭借着强大的生产力，创造出一套复杂的拱顶体系，使古罗马建筑与古代任何其他国家的建筑，都有极大的不同。

古罗马建筑直接继承并大大推进了古希腊建筑成就，开拓了新的建筑领域，丰富了建筑艺术手法，在建筑形制、技术和艺术方面的广泛成就达到了奴隶制时代建筑的最高峰。

二、古罗马的建筑艺术成就

古罗马的建筑艺术继承古希腊柱式并发展为五种柱式：多立克柱式、爱奥尼柱式、科林斯柱式、塔司干柱式、混合柱式。古罗马解决了拱券结构的笨重墙墩同柱式艺术风格的矛盾，创造了券柱式。为建筑艺术造型创造了新的构图手法。解决了柱式与多层建筑的矛盾，发展了叠柱式，创造了水平方面划分构图形式。为了适应高大建筑体量构图，创造了巨柱式的垂直式构图形式。创造了拱券与柱列的结合以及将券脚立在柱式檐部上的连续券。解决了柱式线脚与巨大建筑体积的矛盾，用一组线脚或复合线脚代替简单的线脚。

三、古罗马时期重要建筑类型

1. 剧场

在古希腊半圆形露天剧场基础上，古罗马对剧场的功能、结构和艺术形式都有很大提高。剧场舞台后面的化妆室扩大，成为一幢庞大的多层建筑物。

观众席下面是楼梯和环廊。观众席里以纵过道为主。支承观众席的拱作放射形排列，施工相当复杂（图2-43、图2-44）。

图 2-43　马采鲁斯剧场复原图

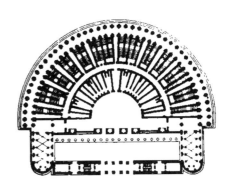

图 2-44　马采鲁斯剧场平面图

2. 罗马大角斗场

大角斗场在功能、结构和形式上取得了高度的和谐统一，是现代体育场建筑的原型。

大角斗场长轴 188 m，短轴 156 m，中央的"表演区"长轴 86 m，短轴 54 m。观众席大约有 60 排座逐排升起，分为五区。

底层有石墩子，平行排列，每圈 80 个。外面三圈墩子之间是两道环廊，用顺向的筒形拱覆盖，由外而内，第四和第五、第六和第七圈墩子之间也是环廊，而第三和第四、第五和第六圈墩子之间作混凝土的墙，墙上架拱，呈放射形排列。整个庞大的观众席就架在这些环形模和放射形拱上（图2-45）。

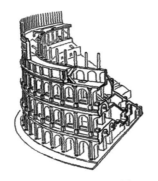

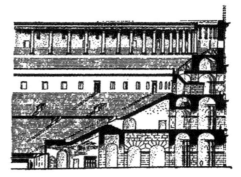

图 2-45　罗马大角斗场剖面

3. 公共浴场

卡拉卡拉浴场和戴克利提乌姆浴场，内部空间流转贯通丰富多变，开创了内部空间序列的艺术手法。浴场有采暖措施，地板、墙体，甚至屋顶都通上管道，输入热水或热烟。因此它较早地抛弃了木屋架，成为公共建筑中最先使用拱顶的建筑物。

卡拉卡拉浴场是庞大的建筑群。周边的建筑物，位于前沿和两侧的前部的是一色的店面，临街两层，对内一层。它的建筑有三个优点：第一，结构十分出色。它们的核心，即温水浴大厅，是横向三间十字拱，卡拉卡拉的面积是 $55.6\ m \times 24.1\ m$，戴克利提乌姆的是 $61.0\ m \times 24.4\ m$，高 27.5 m。第二，功能很好。由于结构体系先进，全部活动可以在室内进行，各种用途的大厅联系紧凑。所有重要的大厅都有直接的天然照明。浴场有集中供暖。热水浴大厅的穹顶在底部开一周圈窗子，以排出雾气。第三，内部空间组织得简洁而又多变，开创了内部空间序列的艺术手法。冷水浴、温水浴和热水浴三个大厅串联在中央轴线上，而以热水浴大厅的集中式空间结束它。两侧的更衣室等组成攒轴线和次要的纵轴线，主要的纵横轴线相交在最大的温水浴大厅中，使它成为最开敞的空间（图 2-46）。

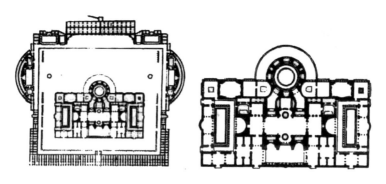

图 2-46　卡拉卡拉浴场总平面及主体平面

4. 居住建筑

一类是四合院式或明厅式、内庭与围柱院组合式，如庞贝城中的藩萨府邸；另一类是城市中的公寓式。

四合院的中心其实是一间矩形的大厅，不过屋顶中央有一个露明的天井口。雨水下注，在地上相应有一个池子。这间大厅是家庭生活的中心，在这里做饭、料理家务、接待宾客、祭祀家神等。

公寓因质量和标准分为几类。少数比较高级的，底层整层住一家，还有院落，上面几层分户租出。质量差的，底层开小铺，作坊在后院，上面是住户。最差的，每户沿进深方向布置几间房间，通风采光都极差。

5. 凯旋门建筑

凯旋门是战争胜利的纪念碑，同时也是雕刻艺术的精品。凯旋门建筑是由古罗马时期凯旋而归的战士们须从一道象征胜利的大门中行进穿过的习俗演化而来的。其基本建筑形制为规则的立方体建筑形式，中间开设有一大两小三个拱券门洞。在凯旋门正反两面各设置四根装饰性壁柱，柱子上部按照建筑额枋形式用线脚进行装饰，但上部额枋立面被拉高，用以雕刻铭文。

包括古罗马皇帝在内的许多执政者都热衷于修建凯旋门。比较著名的有罗马共和时期广场上的塞维鲁凯旋门，而最具代表性的则是君士坦丁凯旋门。

四、城市广场

共和时期的广场是城市的社会、政治、经济活动中心。周围各类公建、庙宇等自发性建造，形成开放式广场，代表性广场为罗马的罗曼奴姆广场。帝国时期的广场以一个庙宇为主体，形成封闭性广场，轴线对称，有的呈多层纵深布局，如罗马的图拉真广场、奥古斯都广场。

五、建筑师与建筑著作

维特鲁威的《建筑十书》提出了建筑学的基本内涵和基本理论，建立了建筑学的基本体系；主张一切建筑物都应考虑"实用、坚固、美观"，提出建筑物的"均衡"的关键在于它的局部。本书撰于公元前32～前22年间，分十卷，是现存最古老且最有影响的建筑学专著。书中关于城市规划、建筑设计基本原理和建筑构图原理的论述总结了古希腊建筑经验和当时罗马建筑的经验。

■ 欣赏、要点及提示

1. 古罗马柱式与希腊比较（图 2-47）

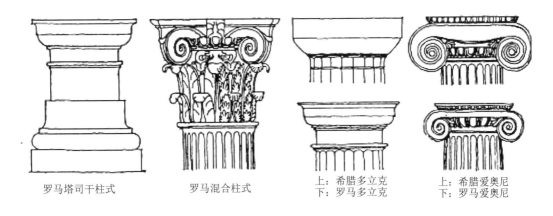

| 罗马塔司干柱式 | 罗马混合柱式 | 上：希腊多立克
下：罗马多立克 | 上：希腊爱奥尼
下：罗马爱奥尼 |

图 2-47　古罗马柱式与希腊比较

2. 古罗马建筑技术

古罗马建筑材料除砖、木、石外还使用了火山灰制的天然混凝土，并发明了相应的支模、混凝土浇灌及大理石饰面技术。结构方面在伊特鲁里亚和希腊的基础上发展了梁柱与拱券结构技术。拱券结构是罗马最大成就之一，种类有：筒拱、交叉拱、十字拱、穹隆（半球），创造出一套复杂的拱顶体系。古罗马建筑的布局方式、空间组合、艺术形式都与拱券结构技术、复杂的拱顶体系密不可分（图2-48、图2-49）。

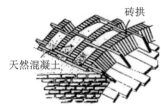

图 2-48　拱顶　　　　　　　　　　图 2-49　筒拱构造

3. 巴西利卡

古罗马的法庭巴西利卡是一种主要的世俗性建筑类型，它对后来的建筑具有决定性的影响。古罗马的巴西利卡，是一种综合了法庭、交易会所与会场等多种功能的大厅性建筑。平面一般为长方形，两端或一端有半圆形龛，大厅常备两排或四排柱子纵分为三或五部分。中部宽且高，称为中厅，两侧部分狭而且低，称为侧廊，侧廊上面有夹层。

4. 古罗马家具特征

古罗马家具设计是希腊式样的变体，家具厚重，装饰复杂、精细，采用镶嵌与雕刻，旋车盘腿脚、动物足、狮身人面及带有翅膀的鹰头狮身的怪兽，桌子作为陈列或用餐，腿脚有小的支撑，椅背为凹面板；在家具中结合了建筑特征，采用了建筑处理手法，三腿桌和基座很普遍，使用珍贵的织物和垫层（图2-50、图2-51）。

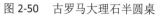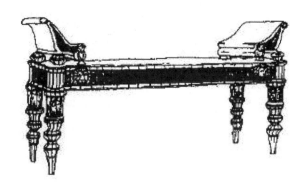

图 2-50　古罗马大理石半圆桌　　　　　图 2-51　古罗马大理石床

5. 公共设施建筑

罗马城早在兴建之初，就已经提前修造了发达的地下排水管道，这些管道使在城市各处产生的污水迅速排出，避免了疾病的产生和流行。而与发达的排水管道系统相配合的，是一个位于地上的、发达的多级输水管道系统。

加尔德输水管道位于法国，因为输水管道横跨一条河，所以在底部加建了带拱洞的大桥，形成三层拱券叠加的桥梁形式。

古罗马由国家承建的公路都有统一的做法，路面分别由三层逐渐变小的石块层、砂层和岩板路面构成，路两边还建有排水沟以利排水。

6. 建筑十书

古罗马时期有些城市、建筑等方面的经验和做法已经成为经典法则，这些经典法则借助古罗马时代宫廷建筑师维特鲁威的著作《建筑十书》而流传下来，这本著作也是古典文明时期流传下来的最早的专业建筑著作。

课题四 欧洲中世纪建筑艺术

内容简介：欧洲的封建制度是在古罗马帝国的废墟上建立起来的。从 4 世纪欧洲开始封建化，直到 14 ~ 15 世纪资本主义制度萌芽之前，欧洲的封建时期被称为中世纪。在这个时期里，欧洲四分五裂，所有的国家都名存实亡，没有集中统一的政权，连拜占庭帝国也不例外。

西欧和东欧的中世纪历史很不一样。它们的代表性建筑物，天主教堂和正教堂，在形制上、结构上和艺术上也都不一样，分别为两个建筑体系。在东欧，大大发展了古罗马的穹顶结构和集中式形制；在西欧，则大大发展了古罗马的拱顶结构和巴西利卡形制。

任务一 早期基督教建筑和拜占庭风格

■ 建筑艺术欣赏

图 2-52 圣索菲亚大教堂远景

图 2-53 圣索菲亚大教堂内景

图 2-54　圣马可大教堂远景

图 2-55　圣马可大教堂近景

■ 建筑范例

图 2-56　圣索菲亚大教堂

图 2-57　圣索菲亚大教堂东西立面图

【范例分析】

圣索菲亚大教堂

圣索菲亚大教堂是集中式的，东西长 77.0 m，南北长 71.7 m。圣索菲亚教堂的第一个成就是它的结构体系。教堂正中是直径 32.6 m，高 15 m 的穹顶，有 40 个肋，通过帆拱架在 4 个 7.6 m 宽的墩子上。中央穹顶的南北方向则以 18.3 m 深的四片墙抵住侧推力。这套结构的关系明确，层次井然。圣索菲亚教堂的第二个成就是它的既集中统一又曲折多变的内部空间。圣索菲亚教堂中央穹顶下的空间同南北两侧是明确隔开的，而同东西两侧相统一。这个增大了纵深的空间比较适合宗教仪式的需要。圣索菲亚教堂的第三个成就是它内部灿烂夺目的色彩效果。墩子和墙全用彩色大理石贴面，有白、绿、黑、红等颜色。柱头一律用白色大理石，镶着金箔。柱头、柱础和柱身的交界线都有包金的铜箍。穹顶和拱顶全用玻璃马赛克装饰，大部分是金色底子的，少量是蓝色底子的。地面也用马赛克铺装（图 2-56、图 2-57）。

■ 相关知识

一、早期基督教建筑

早期基督教巴西利卡教堂都有一个挑高的中厅，用于公众集会和各种仪式。中厅一端的用半穹顶覆盖的半圆壁龛为圣坛，之前布置祭坛和神职人员从事宗教活动的摆设，祭坛之前为歌坛。中厅两侧有较低的侧廊或双侧廊，作为公共空间或者摆放圣物箱，或者承担其他附属功能。中厅两边的高侧窗引进光线照亮室内。教堂的主要建造材料仍为石材，通常采用色彩丰富的大理石，屋顶则由巨大的木构件覆盖。中厅墙体由下部密排的列柱通过过梁或拱券来支撑。对于细部处理，演化发展了几种不同的样式。柱子一般以某种罗马柱式为基础，较多地采用科林斯柱式。

二、早期基督教建筑代表

罗马城外的圣保罗教堂、罗马的圣约翰教堂、圣玛利亚教堂等都是早期基督教巴西利卡式形制教堂的典型代表。罗马圣约翰教堂，始建于313年，模仿君士坦丁大帝担任罗马共治皇帝时在日耳曼特里尔建造的长方形觐见厅。

三、拜占庭风格

东罗马帝国建都在黑海口上的君士坦丁堡，后来得名为拜占庭帝国。拜占庭是一个强盛的大帝国，它曾经的版图包括叙利亚、巴勒斯坦、小亚细亚、巴尔干、埃及、北非和意大利，还有一些地中海的岛屿等地。

拜占庭建筑最初也是沿袭巴西利卡式的形制。但到5世纪时，他们创立了一种新的建筑形制，即集中式形制。这种形制的特点是把穹顶支撑在四个或更多的独立支柱上，并以帆拱作为中介连接。同时可以使成组的圆顶集合在一起，形成广阔而有变化的新型空间形象，这种形制主要在教堂建筑中发展成熟。

拜占庭中心地区的主要建筑材料是砖头，砌在厚厚的灰浆层上。有些墙用罗马混凝土。为了减轻重量，常常用空陶罐砌筑拱顶或穹顶。因此，无论内部或外部，穹顶或墙垣，都需要大面积的装饰，这就形成了拜占庭建筑装饰的基本特点。

四、拜占庭建筑的成就

拜占庭建筑的成就体现在技术和艺术两个方面。就技术而言，它创造了把穹窿支撑在四个或更多的独立支柱上的结构，发明了采用抹角拱或帆拱（图2-58、图2-59）来解决下部立方体空间和上部圆形底边的穹窿之间过渡及衔接问题，从而发展了集中式的建筑形制，成为建造宏伟的纪念性建筑物的最佳选择。

由于技术的创新，拜占庭建筑艺术也获得了新生，首先，结构体系的改进使得富有纪念意义的集中式垂直构图成为可能。同时，为了减轻这种砖石结构体系的重量，拱顶和穹窿多用空陶罐砌筑，因而需要进行大面积的装饰。拜占庭建筑的装饰以彩色大理石板贴于平直的墙面，而拱券和穹窿的表面则饰以马赛克或粉画。

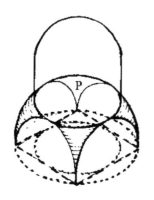

图 2-58　帆拱示意图

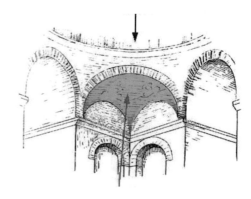

图 2-59　帆拱在建筑中的位置

五、拜占庭建筑的典型代表

用帆拱技术建造的杰出建筑代表就是位于君士坦丁堡的圣索菲亚大教堂，另一个值得一提的拜占庭风格的著名建筑就是威尼斯的圣马可大教堂。圣马可大教堂平面为希腊十字，有五道雄伟的拱门，正中间的那道尺度最大，每个拱门又由上下内外三层半圆构成，非常讲究层次和进深感。设计师非常注重穹顶对于整个建筑外观的影响，采用在原结构上加建一层鼓身较高的木结构穹窿的方法，使穹顶在圣马可广场上就能被看见。

六、希腊十字式教堂

希腊十字式教堂，中央的穹顶和它四面的筒形拱成等臂的十字，得名为希腊十字式。它内部空间的中心在穹顶之下，但东面有 3 间华丽的圣堂，要求成为建筑艺术的焦点。因此，教堂的纪念性形制同宗教仪式的神秘性，不完全契合。

还有一种结构做法，即在中央穹顶四面用 4 个小穹顶代替筒形拱来平衡中央拱顶的侧推力，例如君士坦丁堡的阿波斯多尔教堂（公元前 6 世纪）（图 2-60）和以弗所的圣约翰教堂（图 2-61），不过它们的小穹顶并不突出而成为外观的因素。但作为拜占庭正教教堂的代表的，是中央大穹顶和四面 4 个小穹顶，都用鼓座高举，以中央的为最大最高，在外观上显现出一簇 5 个穹顶，这种形制在东欧广泛流行。

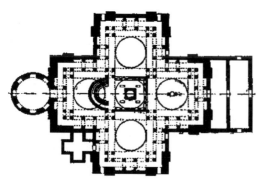

图 2-60　君士坦丁堡的阿波斯多尔教堂

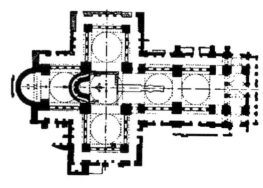

图 2-61　以弗所的圣约翰教堂

■ 欣赏、要点及提示

一、拜占庭建筑中常见的拱柱头（图2-62）

图 2-62 拜占庭建筑中常见的拱柱头

二、建筑装饰

1. 玻璃马赛克和粉画

拜占庭建筑内部的装饰是：墙面上贴彩色大理石板，拱券和穹顶表面不便于贴大理石板，就用马赛克或者粉画。马赛克在古希腊的晚期曾经在地中海东部广泛流行。马赛克是用半透明的小块彩色玻璃镶成的。为了保持大面积画面色调的统一，在玻璃块后面先铺一层底色。彩色斑斓的马赛克统一在黄金的色调中，格外明亮辉煌。

不很重要的教堂，墙面抹灰，作粉画。粉画有两种，一种在灰浆干了之后画，质量不很好，另一种在灰浆将干未干时画，比较能持久，而且由于必须挥洒快捷，由技巧很娴熟的匠师来画，质量很高。

2. 石雕艺术

拜占庭时期人们用石头砌筑发券、拱脚、穹顶底脚、柱头、檐口和其他承重或转折的部位，在它们上面做雕刻装饰。

雕饰手法的特点是：保持构件原来的几何形状，而用三角形截面的凹槽和钻孔来突出图案。早期的拜占庭教堂里用古典柱式，后来渐渐变形，6世纪后，产生了拜占庭特有的柱头样式，或者在柱头上加一块倒方锥台形的垫石，或者把柱头本身做成倒方锥台形。柱头的装饰题材以几何图案或程式化的植物为主，大多是忍冬草叶。6世纪之后，有了花篮式的、多瓣式的等复杂的柱头，装饰题材自由多了，甚至有动物形象。

三、拜占庭时期家具

拜占庭时期家具继承了罗马家具的形式，并融合了西亚的艺术风格，趋于更多的装饰，如：拜占庭马西米阿奴斯王座（图2-64）。这一时期雕刻、镶嵌最为多见，有的则通体施以浮雕。装饰手法常模仿罗马建筑上的拱券形式。无论旋木或镶嵌装饰，节奏感都很强，如拜占庭王座（图2-65）。镶嵌常用象牙、金银，偶尔也用宝石。象牙雕刻堪称一绝，如取材于《圣经》的象牙镶嵌小箱，采用木材作为主体材料，共用金、银、象牙镶嵌装饰表面（图2-63）。

图 2-63　拜占庭象牙镶嵌小箱

图 2-64　拜占庭马西米阿奴斯王座

图 2-65　拜占庭王座

任务二　罗马风建筑

　　9世纪,西欧一度统一后又分裂为法兰西、德意志、意大利、英格兰等十几个民族国家,正式进入封建社会。罗马风建筑的成就主要在于所创造的扶壁、肋骨拱和束柱在结构和形式上对后来的建筑影响深远。

■ 建筑艺术欣赏

图 2-66　施派尔大教堂

图 2-67　比萨教堂

图 2-68　施派尔大教堂

图 2-69　德国沃尔姆斯大教堂

■ 建筑范例

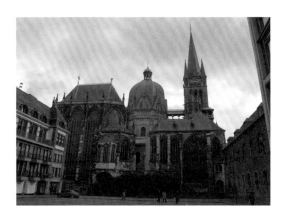

图 2-70　亚琛大教堂远景

图 2-71　亚琛大教堂内景

【范例分析】

　　亚琛大教堂是德国著名的教堂，位于亚琛市。亚琛大教堂于 786 年开始动工，到805 年建成，是欧洲最伟大的建筑之一。这座有着巨大圆拱顶的八角形教堂，是模仿意大利的圣维塔尔教堂建造的，具有拜占庭建筑艺术风格，整个内部以圆拱顶为主要特色，后又分别在两侧建圣坛和加盖拱顶八角形建筑（图 2-70、图 2-71）。

■ 相关知识

一、罗马风建筑

　　9 世纪，由于经历了 700 多年的战乱，此时建造的建筑以安全性作为相当重要的因素来考虑。把厚实坚固的基础和罗马拱顶相结合，使各种类型的建筑都具有半防御功能。这时的建筑主要包括基督教堂、封建城堡、教会修道院等，其规模远不及古罗马时代，形式上略有古罗马风格，因此得名罗马风建筑。

　　罗马风建筑其造型特征为承袭早期基督教建筑，平面仍为拉丁十字，西面有一、二座钟楼。为减轻建筑形体的封闭沉重感，除钟塔、采光塔、圣坛和小礼拜室等形成变化的体量轮廓外，采用古罗马建筑的一些传统做法如半圆拱、十字拱等或简化的柱式和装饰。其墙体巨大而厚实，墙面除露出扶壁外，在檐下、腰线用连续小券，门窗洞口用同心多层小圆券，窗口窄小、朴素的中厅与华丽的圣坛形成对比，中厅与侧廊有较大的空间变化，内部空间阴暗，有神秘气氛。

二、罗马风建筑的典型代表

　　位于德国亚琛的帕拉丁小教堂是查理曼大帝宫殿的附属小教堂，是原先所有建筑中仅存的部分。平面为八边形，上覆八边形穹顶，中厅被楼座环绕，上方每边各开一高侧窗，该教堂属于罗马风的早期阶段作品。德国的圣米开尔教堂、施派尔大教堂、美因兹主教堂、沃尔姆斯主教堂、科隆的使徒教堂等都暗示罗马风建筑已在德国广泛传播。

　　意大利是罗马风建筑的起源地，特别是其北部，在其境内留下了不少罗马风建筑的杰作。例如佛罗伦萨地区的圣米尼亚托教堂、佛罗伦萨大教堂洗礼堂、米兰的圣安布罗基欧教堂、比萨教堂建筑群等。比萨教堂建筑群（图2-72、图2-73），它由比萨主教堂、钟塔和洗礼堂组成，是意大利中世纪最重要的建筑群之一。三座建筑中洗礼堂和教堂处于同一中轴线上，洗礼堂在前，钟塔在教堂的东南侧，体量与洗礼堂相平衡。它们的建筑形式统一，外墙都用白色和红色相间的云石砌筑装饰同样的连续层叠的半圆列券，造型精致。主教堂（1063～1092年）是拉丁十字式的，全长95 m，有四排柱子。中厅用木桁架，侧廊用十字拱。钟塔（1174年）在主教堂圣坛东南20多米，圆形，直径大约16 m，高55 m，分为8层。中间6层围着空券廊，底层只在墙上作浮雕式的连续券，顶上一层收缩，是结束部。洗礼堂（1153～1278年），也是圆形的，直径35.4 m，立面分三层，上两层围着空券廊。后来经过改造，添加了一些哥特式的细部，顶子改成了圆的。三座建筑物都由白色和深红色大理石相间砌成，衬着碧绿的草地，色彩十分明快。空券廊造成的强烈的光影和虚实对比，使建筑物显得很爽朗。

图2-72　比萨建筑群　　　　　　　　　图2-73　比萨教堂与比萨斜塔

法国的封建制度在西欧是最典型的。法国孔克的圣弗伊教堂是中世纪伟大朝圣线路上的一个中途站，教学中厅高而窄，上覆筒拱，两侧的侧廊为双层，上层顶部采用半拱顶来抵住中厅筒拱的起脚，因中厅无高侧窗，为弥补室内采光的不足，就把侧廊的窗户开大，却造成侧廊远比中厅明亮的效果。诺曼底卡昂的圣埃提安教堂标志着罗马风建筑向哥特式的过渡。

较为典型的英格兰的罗马风建筑有达勒姆郡的达勒姆大教堂、牛津郡的伊利大教堂。达勒姆大教堂的中厅连拱廊的半圆拱券、顶部的交叉拱均体现着罗马风建筑的典型特征，交叉拱的运用使中厅可以采用高窗来采光，下方束柱和圆柱交替排列，圆柱上雕刻着抽象几何图案，体现着罗马风的审美情趣。

■ 欣赏、要点及提示

罗马风时期的城堡

有些早期的城堡被称为塔式民居，仅是几座塔楼，部分房间垂直堆叠，城堡角部突出可抵御沿墙而上的敌人。随着军事进攻技术的提高，防御性的城堡也做了相应的改进。城堡中家庭私密空间、服务空间和其他服务设施从出现到完善，标志着城堡形制的确定。

比较著名的罗马风时代的城堡有英格兰埃塞克斯郡的海丁汉姆城堡、肯特郡的罗彻斯特城堡、法兰西库西的宫堡、卡尔卡松城等。

任务三　哥特风建筑

哥特式建筑是 11 世纪下半叶起源于法国，13 ～ 15 世纪流行于欧洲的一种建筑风格，主要见于天主教堂，也影响到世俗建筑。哥特式建筑以其高超的技术和艺术成就，在建筑史上占有重要的地位。

■ 建筑艺术欣赏

图 2-74　亚眠大教堂　　　图 2-75　科隆大教堂　　　图 2-76　林肯大教堂

图 2-77　圣德尼修道院教堂

图 2-78　拉昂大教堂

图 2-79　兰斯主教堂

■ 建筑范例

图 2-80　巴黎圣母院

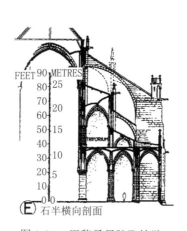
图 2-81　巴黎圣母院飞扶壁

图 2-82　巴黎圣母院结构

【范例分析】

巴黎圣母院

　　巴黎圣母院是一座典型的哥特式教堂。它的建造全部采用石材，其特点是高耸挺拔，辉煌壮丽，整个建筑庄严和谐。圣母院巨大的门四周布满了雕像，中庭又窄又高又长。巴黎圣母院的主立面是世界上哥特式建筑中最美妙、最和谐的。圣母院平面呈横翼较短的十字形，坐东朝西，正面风格独特，结构严谨。巴黎圣母院正面高 69 m，被三条横向装饰带划分为三层（图 2-80～图 2-82）。

■ 相关知识

一、哥特式教堂的特点

1. 结构特点

框架式骨架券作拱顶承重构件，其余填充围护部分减薄，使拱顶减轻，独立的飞扶壁在中厅十字拱的起脚处抵住其侧推力，和骨架券共同组成框架式结构，侧廊拱顶高度降低，使中厅窗加大，使用二圆心的尖拱、尖券，侧推力减小（图2-83）。

2. 内部特点

中厅一般不宽但很长，两侧支柱的间距不大，形成自入口导向祭坛的强烈动势，中厅高度很高，两侧束柱柱头弱化消退，垂直线控制室内划分，尖尖的拱券在拱顶相交，如同自地下生长出来的挺拔枝杆，形成很强的向上升腾的动势，两个动势体现对神的崇敬和对天国向往的暗示。

3. 外部特点

典型构图是山墙被两个钟塔和中厅垂直划为三部分，山墙上的栏杆、门洞上的雕像带等把三部分联为整体，三座多层线脚的"透视门"之上的中央是巨大"玫瑰窗"。外部的扶壁、塔、墙面都是垂直向上的垂直划分，全部局部和细节顶部为尖顶，整个外形充满着向天空的升腾感（图2-84、图2-85）。

4. 装饰特点

内部近似框架式结构，几乎没有墙面可做壁画或雕塑。祭坛是装饰重点。两柱间的大窗做成彩色玻璃窗，极富装饰效果。外部力求削弱重量感，一切局部和细节都减小断面，凹凸大，用山花、龛、小尖塔等装饰外墙。

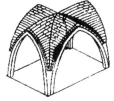

图 2-83　尖十字拱　　　　图 2-84　韩斯主教堂剖面　　　　图 2-85　巴黎圣母院剖面

二、哥特建筑的新技术

1. 哥特时期的尖券

哥特时期的尖券技术的演变过程经历了三个阶段。第一个阶段，拱顶采用正方形平面和半圆拱券，对角线的拱券顶高于四边的拱券顶。第二个阶段，拱顶下部的平面仍为正方形，但四边的拱券采用近似椭圆的折中方式，形成尖券、尖券顶和对角线上的拱券顶位于同一高度。第三个阶段，拱顶的建造已不再受到平面形式的制约，不论是正方形、矩形或者梯形，只要是四边形，都可以用尖券的形式建造一个特定高度的拱顶。由于哥特式尖券的构造技术使得建筑开间和进深的关系更为自由，并且大厅式建筑的高屋脊以一道连续直线的形式纵贯中厅而不被打断，使得建筑空间有效地取得视觉上的统一。

2. 哥特时期的飞扶壁

为了支撑尖券底座处对墙体产生的水平侧推力，哥特建筑在罗马风建筑的扶壁基础上发明了飞扶壁这一结构。它与扶壁一样是支撑承重墙中的侧向水平推力的结构构件，但又与扶壁不同，它利用从墙体上部向外挑出的券形成半券形构件（即飞券），把墙体所受压力传递给一定距离外的柱墩，由此减小承重墙上柱墩的体量，缩小位于教堂中厅和侧厅之间的柱墩的体积，使空间的联系更为密切。

三、哥特式教堂

1. 法国哥特式教堂概况

12 世纪，西欧先进地区的城市发展到了新的阶段。在法国王室领地和它的周围，城市的主教教堂终于取代了修道院的教堂而成了占主导地位的建筑物。12～15 世纪，全法国造了 60 所左右的城市主教堂，这些主教堂是城市解放和富强的纪念碑。琅城的主教堂就是在城市公社反对它们的封建领主大主教的起义期间建造的。

12～15 世纪，法国北方大城市的主教堂有许多都经过了全国的设计竞赛。这些教堂已经不再是纯粹的宗教建筑物，也不再是军事堡垒，它们成了城市公共生活的中心，是市民大会堂、公共礼堂、市场和剧场，市民们在里面举办婚丧大事，教堂世俗化了。

巴黎北区王室圣德尼修道院教堂的东端，即被大火烧毁后重建的诗歌坛被称作"哥特建筑的第一个作品"，是标志新建筑时代的里程碑，由法国国王的权臣、"法国王权的复兴者"——苏杰长老主持修建。

苏杰的追随者们在法国建造了不少这样的尘世里的天堂，有早期哥特式的巴黎圣母院、拉昂大教堂等，盛期哥特式的兰斯主教堂、亚眠主教堂、夏尔特尔主教堂等，辐射式的重新修建的圣德尼修道院教堂、圣乌尔班大教堂、圣夏佩尔小教堂等，火焰式的圣马克洛教堂等（图 2-86～图 2-88）。

2. 法国哥特式教堂代表作品

（1）亚眠大教堂

亚眠大教堂，位于法国亚眠市的索姆河畔，是法国最宏伟的哥特式大教堂，比巴黎圣母院要大两倍。亚眠大教堂集中吸取了近一个世纪的先进建筑技术，是最高、最长、最大的教堂之一。亚眠大教堂由 3 座殿堂、1 个十字厅和 1 座后殿组成。外观为尖形的哥特式建筑，墙壁几乎全被每扇 12 m 高的彩色玻璃窗代替，几乎看不到墙面，是建筑史上的新阶段。

（2）科隆大教堂

科隆大教堂占地 8000 m^2，建筑面积约 6000 m^2，东西长 144.55 m，南北宽 86.25 m。它是由两座最高塔为主门、内部以十字形平面为主体的建筑群。科隆大教堂为罕见的五进建筑，内部空间挑高又加宽，高塔将人的视线引向上。科隆大教堂全由磨光石块砌成，整个工程共用去 40 万吨石材。教堂中央是两座与门墙连砌在一起的双尖塔，南塔高157.31 m，北塔高 157.38 m，是全欧洲第二高的尖塔。科隆大教堂至今也依然是世界上最高的教堂之一，并且每个构件都十分精确。

3. 英国哥特式教堂

英国哥特式教堂每座建筑所展现出来的个性足以使之在建筑史上名垂青史。英国中世纪哥特教堂按风格样式可以分为早期英国式、装饰式和垂直式。1174 年，位于肯特郡的坎特伯雷大教堂唱诗厅是英国最早的主要哥特式建筑之一。早期英国式哥特教堂多建于 13 世纪，代表性教堂有林肯大教堂、韦尔斯大教堂的主体部分、索尔兹伯里主教堂等。14 世纪的英国哥特教堂多属于装饰式风格，其主要特征是以簇叶状的雕刻线为基础而发展的雕饰，代表建筑有埃克塞特大教堂、林肯大教堂的中厅等。15 世纪，哥特建筑在英国发展进入最后阶段，称为垂直式，窗户的平行垂直划分和扇形穹顶是这一时期的趋势。代表建筑有剑桥皇家学院小礼拜堂、林肯大教堂、约克教堂钟塔的上半部分等。

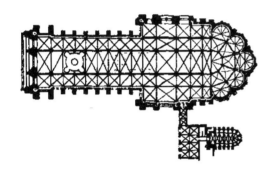

图 2-86　亚眠主教堂平面

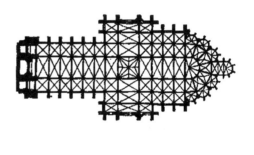

图 2-87　韩斯主教堂平面

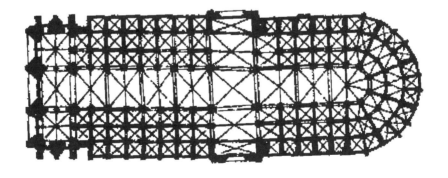

图 2-88　巴黎圣母院平面

4. 其他地区的哥特式建筑

在德国，哥特风格较晚才被采用，而且立面上水平线很弱、垂直线密而凸出，追求向上的感觉。比较有代表性的是欧洲北部最大的哥特式教堂科隆主教堂。

在意大利，哥特式建筑的风格仍比较保守，没能完全摆脱古罗马的影响，稳定、平展、简洁等古典建筑的性格一直保留着。比较有代表性的是米兰主教堂、佛罗伦萨主教堂。

佛罗伦萨主教堂

佛罗伦萨在13世纪是意大利最强大的城市共和国之一。佛罗伦萨主教堂内部空阔敞朗，西半的大厅长近80 m，只分为四间，支柱的间距在20 m左右，中厅的跨度也是20 m。东部的平面很特殊。歌坛是八边形的。对边的距离和大厅的宽度相等，大约42 m多一点。主教堂西立面之南有一个13.7 m见方的钟塔，高84 m，主教堂的正面、洗礼堂和钟塔在不大的市中心广场上构成形体丰富多变而又和谐统一的构图，这是中世纪意大利城市中心广场的典型景色，如图2-89、图2-90所示。

图 2-89　佛罗伦萨主教堂

图 2-90　佛罗伦萨主教堂洗礼堂

四、世俗性哥特式建筑

随着哥特教堂在欧洲各地如火如荼地建造，哥特建筑的建造技术和艺术也被广为传播，到14世纪在市政厅、行会建筑、医疗性建筑、教育建筑、城堡宫殿、住宅府邸等世俗性建筑中得到应用。比较著名的有卢万的市政厅、佛罗伦萨的佛契奥宫、伊普雷的布交易所、威尼斯总督府和黄金府邸等。

威尼斯总督府是欧洲中世纪最美丽的建筑物之一。总督府是威尼斯打败劲敌热那亚和土耳其的重大胜利的纪念物。平面是四合院式的，南面临海，长约74.4 m。西面朝广场，长约85 m，东面是一条狭窄的河。主要的房间在南边，一字排开。

■欣赏、要点及提示

哥特式家具给人刚直、挺拔、向上的感觉。这主要是受哥特式建筑风格的影响，如采用尖顶、尖拱、细柱、垂饰罩、浅雕或透雕的镶板装饰。哥特式建筑的特点是以尖拱代替仿罗马式的圆拱，宽大的窗子上饰有彩色玻璃图案，广泛地运用簇柱、浮雕等层次丰富的装饰。

哥特式家具的艺术风格还在于它豪华而精致的雕刻装饰，几乎家具每一处平面空间都被有规律地划分成矩形。嵌板装饰的主要题材有衣褶纹样、缝隙装饰、火焰纹样、窗头花格等；边饰的主要题材有叶形装饰、唐草、"s"形纹样。这些装饰题材几乎都取材于基督教圣经的内容。例如，由三片尖状叶构成的三叶饰图案象征着圣父、圣子和圣灵的三位一体；四叶饰象征着四部福音；鸽子与百合花分别代表圣灵和圣洁；橡树叶则表现神的强大与永恒的力量等。这些图案都是采用浮雕、透雕和圆雕相结合的方法来表达。哥特式家具如图 2-91 ～图 2-95 所示。

图 2-91 哥特式高背椅

图 2-92 哥特式教堂座椅

图 2-93 哥特式马丁国王银制座椅

图 2-94 哥特式立式柜

图 2-95 哥特式四柱顶盖床

课题五　欧洲文艺复兴建筑艺术

内容简介：文艺复兴是指14世纪在意大利由新兴的资产阶级中的先进知识分子发起，宣传人文精神，并在15世纪欧洲盛行的一场思想文化运动。文艺复兴建筑风格的产生和发展经历了这样的轨迹：最初形成于15世纪意大利的佛罗伦萨；16世纪起以罗马为中心传遍意大利，进入盛期，并开始传入欧洲其他国家；17世纪，欧洲经济中心西移、意大利文艺复兴开始衰退，在意大利北部地区仍有余波。

任务一　意大利文艺复兴建筑

■建筑艺术欣赏

图 2-96　佛罗伦萨主教堂穹顶内景

图 2-97　育婴院

图 2-98　巴齐礼拜堂

图 2-99　坦比哀多小教堂

图 2-100　圆厅别墅

图 2-101　法尔尼斯府邸

■ **建筑范例**

图 2-102 佛罗伦萨主教堂的穹顶远景及剖面图

【范例分析】

佛罗伦萨主教堂的穹顶,标志着意大利文艺复兴建筑史的开始。它的设计和建造过程、技术成就和艺术特色,都体现着新时代的进取精神。

佛罗伦萨主教堂的穹顶结构,为了突出穹顶,砌了12 m 高的一段鼓座。把这样大的穹顶放在鼓座上,这是前所未有的。虽然鼓座的墙厚到4.9 m,还是必须采取有效的措施减小穹顶的侧推力。伯鲁乃列斯基的主要办法是:第一,穹顶轮廓是矢形的,大致是双圆心的;第二,用骨架券结构,穹面分里外两层,中间是空的。在八边形的八个角上升起八个主券,八个边上又各有两根次券。穹顶的大面就依托在这套骨架上,外层下部厚78.6 cm,上部厚61 cm。

佛罗伦萨主教堂的穹顶是世界最大的穹顶之一。它的结构和构造的精致远远超过了古罗马的和拜占庭的,结构的规模也远远超过了中世纪的,它是结构技术的空前的成就。

■ **相关知识**

一、意大利早期文艺复兴建筑

标志着意大利文艺复兴建筑的开端的,是佛罗伦萨主教堂的穹顶的建造,它被誉为"文艺复兴的报春花"。佛罗伦萨主教堂的穹顶并不是伯鲁乃列斯基对新的建筑风格的唯一贡献,他那具有划时代意义的作品还包括佛罗伦萨育婴院、圣洛伦佐教堂、巴齐礼拜堂等。

15 世纪后半叶,资产阶级将资本投入到土地和房屋建设,在佛罗伦萨大量的豪华府邸迅速建设起来,把文艺复兴的设计风格应用到这些府邸中去,其中以独揽政权的银行家美第奇家族的府邸为代表。

美第奇府邸的墙垣仿照中世纪一些寨堡的样子,底层的大石块只略经粗凿,表面起伏达20 cm。砌缝很宽。二层的石块虽然平整,但砌缝仍有8 cm宽。三层光滑而不留砌缝。它的形象很沉重,为了求得壮观的形式,沿街立面是屏风式的,同内部房间很不协调。底层的窗台很高,勒脚前有一道凸台。

二、意大利盛期文艺复兴建筑

从早期文艺复兴到盛期，并没有明确的界定。但伯拉孟特设计的位于米兰的圣塞提洛教堂算是过渡。伯拉特孟于1499年移居罗马，在罗马他才真正成为意大利盛期文艺复兴的首批倡导者之一，而他最负盛名的作品就是建于蒙多里亚圣彼得修道院内院的坦比哀多小教堂。

与伯拉特孟处于同时代的文艺复兴盛期代表人物还有帕鲁齐、小桑迦洛、维尼奥拉等建筑师和拉斐尔、米开朗基罗等艺术家。

三、文艺复兴时期的代表人物及其作品

文艺复兴时期是一个盛产艺术巨人的时代，当时的艺术大家往往是集科学家、画家、雕刻家、建筑家于一身。

1. 伯鲁乃列斯基

伯鲁乃列斯基，意大利文艺复兴早期颇负盛名的建筑师与工程师，设计了佛罗伦萨的育婴院、巴齐礼拜堂等经典的教堂。

1419年，伯鲁乃列斯基设计了佛罗伦萨的育婴院，它是一座四合院，正面向安农齐阿广场展开长长的券廊。券廊开间宽阔，连续券架在科林斯式的柱子上，非常轻快、明朗。第二层开着小小的窗子，墙面积很大，但线脚细巧，墙面平洁，檐口薄薄的、轻轻的，所以同连续券风格很协调，而虚实对比很强。立面的构图明确简洁，比例匀称，尺度宜人。廊子的结构是拜占庭式的，逐间用穹顶覆盖，下面以帆拱承接。

伯鲁乃列斯基设计的佛罗伦萨的巴齐礼拜堂，也是15世纪前半叶很有代表性的建筑物。它的形制借鉴了拜占庭的。正中一个直径10.9 m的穹顶，左右各有一段筒形拱，同大穹顶一起覆盖一间长方形的大厅。后面一个小穹顶，覆盖着圣坛，前面一个小穹顶，在门前柱廊正中开间上。它的内部和外部形式都由柱式控制。

2. 伯拉特孟

伯拉特孟是文艺复兴盛期意大利杰出的建筑家，他的一生主要在米兰和罗马工作。他把古罗马建筑的形式借用来传达文艺复兴的新精神，其代表作品有圣塞提洛教堂、坦比哀多小礼堂、圣彼得大教堂等。

圣塞提洛教堂用古典线脚和壁柱来做附加层的外观，并且把圆筒状的外部平面和内部希腊十字平面以及位于八边形基座上的圆形采光亭很好地组织在一起，满足了古典构图的概念。该设计中值得一提的是，由于建筑平面受到外侧街道划分的限制，伯拉特孟运用当时还是新兴学科的透视学的原理，把教堂位于"T"形基地端头的墙体绘制成看上去有纵深感的空间，从视觉上完成了十字平面的布局。

坦比哀多小教堂是一座仿罗马神庙的集中式小教堂，外墙直径6.1 m，内直径只有4.5 m，周围一圈共16根3.6 m高的多立克柱子形成柱廊，大厅上方覆盖位于鼓座上的穹顶，形体饱满。

3. 米开朗基罗

米开朗基罗是文艺复兴时期著名的雕塑家、建筑师、画家和诗人。他与列奥纳多·达芬奇和拉斐尔并称"文艺复兴三杰"，他开启了新的尺度和空间的概念，并对后来的巴洛克风格产生了深远的影响。其代表作品有美第奇家庙和劳伦斯图书馆前厅、圣彼得大教堂的圣坛部分和穹顶等。

4. 拉斐尔

拉斐尔是文艺复兴时期意大利著名画家，也是"文艺复兴三杰"中最年轻的一位，代表了文艺复兴时期艺术家从事理想美的事业所能达到的巅峰。拉斐尔设计的建筑物，和他的绘画一样，比较温柔雅秀，体积起伏小，爱用薄壁柱，外墙面上抹灰，多用纤细的灰塑作装饰，强调水平分划。典型的例子是佛罗伦萨的潘道菲尼府邸。它有两个院落，主要的院落的建筑为两层，外院为一层。在沿街立面上，两层部分用大檐口结束，一层部分的檐部和女儿墙是两层部分的分层线脚和窗下墙的延续，两部分的主次清楚，联系很好。墙面是抹灰的，没有壁柱。窗框精致，同简洁的墙面对比清晰肯定。墙角和大门周边的重块石，更衬托了墙面的平滑柔和。由于水平分划强，窗下墙和分层线脚上都有同窗子相应的定位处理，建筑物显得很安稳。

5. 小桑迦洛

小桑迦洛不仅是一位建筑师，还是一位优秀的画家与雕刻家，小桑迦洛设计的罗马的法尔尼斯府邸是追求雄伟的纪念性建筑。法尔尼斯府邸是封闭的四合院，但是有很强的纵轴线和次要的横轴线。纵轴线的起点是门厅，它竟采用了巴西利卡的形制，宽 12 m，深 14 m，有两排多立克式柱子，每排 6 根。上面的拱顶满覆着华丽的雕饰。内院 24.7 m 见方，四周是重叠的券柱式，形式很壮观。不过它的外面仿潘道菲尼府邸，比较雅秀，轴线也不突出。

6. 帕拉弟奥

帕拉弟奥是意大利文艺复兴后期的建筑师和建筑理论家，欧洲学院派古典主义建筑的创始人，其代表作品为圆厅别墅。

圆厅别墅在维晋寨郊外一个庄园中央的高地上。平面正方，四面一式。第二层正中是一个直径为 12.2 m 的圆厅，四周房间依纵横两个轴线对称布置。室外大台阶直达第二层，内部只有简陋的小楼梯。圆厅别墅的外形由明确而单纯的几何体组成，显得十分凝练。方方的主体、鼓座、圆锥形的顶子、三角形的山花、圆柱等多种几何体互相对比着，变化很丰富。同时，主次十分清楚，垂直轴线相当显著，各部分构图联系密切，位置肯定，所以形体统一、完整。

四、文艺复兴建筑在欧洲的传播

16 世纪起，文艺复兴建筑风格开始传入欧洲其他国家，但出于民族主义情节和哥特建筑经过长期发展而变得根深蒂固的原因，文艺复兴风格常常只是被仿制，硬生生地被加到基调是哥特式的建筑物上。

1. 对法国的影响

16世纪，在意大利文艺复兴建筑的影响下形成法国文艺复兴建筑。从那时起，法国的建筑风格由哥特式向文艺复兴式过渡，往往把文艺复兴建筑的细部装饰应用在哥特式建筑上。当时主要是建造宫殿、府邸和市民房屋等世俗建筑。代表作品有：尚堡府邸、枫丹白露王宫、卢森堡宫、卢浮宫。尚堡府邸原为法国国王法兰西斯一世的猎庄和离宫，建筑平面布局和造型保持中世纪的传统手法，有角楼、护壕和吊桥；外形的水平划分和细部线脚处理则是文艺复兴式的，屋顶高低参差。

2. 对英国的影响

16世纪中叶，文艺复兴建筑在英国逐渐确立，建筑物出现过渡性风格，既继承哥特式建筑的都铎传统，又采用意大利文艺复兴建筑的细部。中世纪的英国热衷于建造壮丽的教堂，16世纪下半叶开始注意世俗建筑。富商、权贵、绅士们的大型豪华府邸多建在乡村，有塔楼、山墙、檐部、女儿墙、栏杆和烟囱，墙壁上常常开许多凸窗，窗额是方形。文艺复兴建筑风格的细部也应用到室内装饰和家具陈设上。府邸周围一般布置形状规则的大花园，其中有前庭、平台、水池、喷泉、花坛和灌木绿篱，与府邸组成完整和谐的环境。典型例子有哈德威克府邸、勃仑罕姆府邸、坎德莱斯顿府邸、哈顿大厦等。

3. 对德国的影响

德国这一时期的建筑地方性很强．还长期在形式和形制上保留了中世纪的流风遗韵。直到18世纪，随着一些封建诸侯的强大，文艺复兴风格才被接受。但是德国同时也受到巴洛克和古典主义风格的影响，在建筑上表现出混合风格，例如德累斯顿的茨温格庭院。

4. 对西班牙的影响

西班牙的埃斯库里阿是神圣罗马帝国哈布斯为自己建造的皇宫，规模十分宏大，由六大部分组成，以主入口朝西的王室大院为基础来展开：位于大院东面的希腊十字教堂；院南的修道院；院北的神学院和大学；教堂南面的绿化庭院和周围的宗教用房；教堂北面的政府办公区域；教堂神龛后东区的皇帝的起居部分。整个宫殿布局条理整齐、分区明确，具有文艺复兴的特点。建筑外观既体现了文艺复兴简洁整齐的特点，同时还保存着西班牙哥特的传统。

五、圣彼得大教堂——文艺复兴最伟大的纪念碑

意大利文艺复兴最伟大的纪念碑是罗马教廷的圣彼得大教堂，它集中了16世纪意大利建筑、结构和施工的最高成就。一百多年间，罗马最优秀的建筑师都曾经主持过圣彼得大教堂的设计和施工。

1506年，圣彼得大教堂照设计方案动工，协助伯拉孟特的有帕鲁齐和小桑迦洛。伯拉孟特去世，圣彼得大教堂的工程在混乱中停顿了二十几年。1536年，新的主持者小桑迦洛迫于教会的压力，不得不在整体上维持拉丁十字的形制。1547年，教皇委托米开朗

琪罗主持圣彼得大教堂工程。凭着巨大的声望，他与教皇约定，他有全权决定方案，甚至有权决定拆去已经建成的部分。

1564 年米开朗基罗逝世时，已经造到了鼓座。他逝世后，由泡达和封丹纳大体按照他的设计完成了穹顶。

穹顶直径 41.9 m，很接近万神庙的。内部顶点高 123.4 m，几乎是万神庙的 3 倍，希腊十字的两臂，内部宽 27.5 m，高 46.2 m，同马克辛促乌斯巴西利卡相仿，而通长 140 多米，则远远超出其长度。穹顶外部采光塔上，十字架尖端高达 137.8 m，是罗马全城的最高点，要创造一个比古罗马任何建筑物都更宏大的建筑物的愿望实现了。穹顶的肋是石砌的，其余部分用砖，分内外两层，内层厚度大约 3 m。建成之后出现过几次裂缝，陆续在不同高度加了十几道铁链。这个穹顶比佛罗伦萨主教堂的有很大进步。

第一，它是真正球面的，整体性比较强，而佛罗伦萨主教堂的是分为八瓣的。

第二，佛罗伦萨主教堂的穹顶为减小侧推力，轮廓比较长，而它的轮廓饱满，只略高于半球形。侧推力大，显得在结构上和施工上更有把握。

这样大的高度，这样大的直径，穹顶和拱顶的施工是十分困难的，据说当时使用了悬挂式脚手架。

1564 年，维尼奥拉设计了四角的小穹顶。

17 世纪初，在极其反动的耶稣会的压力之下，教皇命令建筑师玛丹纳拆去已经动工的米开朗基罗设计的正立面，在希腊十字之前又加了一段三跨的巴西利卡式的大厅。

■ 欣赏、要点及提示

一、佛罗伦萨主教堂的穹顶结构的历史意义

第一，天主教会把集中式平面和穹顶看作异教庙宇的形制，严加排斥，而工匠们竟置教会的戒律于不顾。虽然当时天主教会的势力在佛罗伦萨很薄弱，但仍需要很大的勇气、很高的觉醒才能这样做，因此，它是在建筑中突破教会的精神专制的标志。

第二，古罗马的穹顶和拜占庭的大型穹顶，在外观上是半露半掩的，还不会把它作为重要的造型手段。但佛罗伦萨的这一座，取法拜占庭小型教堂的手法，使用了鼓座，把穹顶全部表现出来，连采光亭在内，总高 107 m，成了整个城市轮廓线的中心。这在西欧是前无古人的，因此，它是文艺复兴时期独创精神的标志。

第三，无论在结构上还是在形象上，这座穹顶的首创性的幅度都是很大的。它在建筑历史上是向前跳跃了一大步。

二、文艺复兴时期的家具

1. 意大利文艺复兴时期的家具

意大利文艺复兴时期，为了适应社会交往和接待增多的需要，家具靠墙布置，并沿墙布置了半身雕像、绘画、装饰品等，强调水平线，使墙面形成构图的中心。意大利文艺复

兴时期的家具的特征是：普遍采用直线式，以古典浮雕图案为特征；许多家具放在矮台座上，椅子上加装垫子，家具部件多样化；除用少量橡木、杉木、丝柏木外，核桃木是唯一所用的，节约使用木材；大型图案的丝织品用作椅座等的装饰（图 2-103～图 2-108）。

2. 西班牙文艺复兴时期的家具

西班牙文艺复兴时期的家具许多是原始的，其特征是：厚重的比例和矩形形式，结构简单，缺乏运用建筑细部的装饰；有铁支撑和支架，钉头处显露；家具体形大，富有男性的阳刚气，色彩鲜明（经常掩饰低级工艺）；用压印图案或简单的皮革装饰（座椅），采用核桃木比松木更多，图案包括短的凿纹、几何形图案；腿脚是倾斜的"八"字形式，采用铁和银的玫瑰花饰、星状装饰以及贝壳作为装饰（图 2-115）。

3. 法国文艺复兴时期的家具

法国文艺复兴时期的家具的特征：厚重，轮廓鲜明的浮雕；由擦亮的橡木或核桃木制成，在后期出现乌木饰面板；椅子有靠背，直扶手，以及有旋成球状、螺旋形或栏杆柱形的腿，带有小圆面包形或荷兰式漩涡饰的脚；使用上色木的镶嵌细工、玳瑁壳、镀金金属、珍珠母、象牙，家具的部分部件用西班牙产的科尔多瓦皮革、天鹅绒、针绣花边、锦缎及流苏等装饰物装饰，装饰图案有橄榄树枝叶、月桂树叶、打成漩涡叶箔、阿拉伯式图案、玫瑰花饰、漩涡花饰、圆雕饰，贝壳，怪物（图 2-109～图 2-111）。

4. 英国文艺复兴时期的家具

英国文艺复兴家具文化的主要特点是单纯而刚劲、严肃而拘谨的形式，这是由英国民族刚毅和自信的特性而决定的，开始于都铎王朝繁荣时代的亨利八世时期。伊丽莎白女王统治时期，英国才真正形成了文艺复兴家具文化，并达到了顶峰。都铎王室的纹章蔷薇花常被用来装饰家具，这时期的家具开始吸收意大利文艺复兴式的造型装饰特点。伊丽莎白时期的家具比都铎时期引进更多的雕刻、装饰细部，并且发展了一些新家具。詹姆斯一世时期的家具：总体说来体型庞大，爱用直线，但是从某种程度上来说比伊丽莎白时期的家具要轻巧得多，尺寸也小些，雕刻装饰也更优雅（图 2-112～图 2-114、图 2-116）。

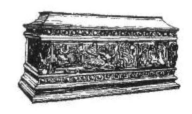

图 2-103　意大利文艺复兴时期
卡索奈长箱样式一　　　　　　　图 2-104　文艺复兴意大利
托斯卡纳式床　　　　　　　图 2-105　意大利文艺复兴时期
卡索奈长箱样式二

图 2-106　文艺复兴时期
意大利但丁椅

图 2-107　文艺复兴时期
意大利萨伏那洛拉椅

图 2-108　文艺复兴
意大利陈列柜

图 2-109　法国文艺复兴时期
聊天椅

图 2-110　文艺复兴
法国陈列柜

图 2-111　文艺复兴
法国顶盖床

图 2-112　文艺复兴
英国法金盖尔椅

图 2-113　文艺复兴
英国陈列柜

图 2-114　文艺复兴英国顶盖床

图 2-115　文艺复兴
西班牙瓦格诺柜

图 2-116　文艺复兴
英国陈列柜

任务二　17世纪意大利的巴洛克建筑

17世纪起意大利半岛的北部仍有文艺复兴的余波，而以罗马为中心的地区却开始流行罗马教廷中的耶稣教会掀起的巴洛克风格。巴洛克原意是"扭曲的珍珠"，18世纪中叶的古典主义理论家称17世纪的意大利建筑为巴洛克是具有贬损之意。巴洛克的建筑成就主要有教堂、府邸和别墅、广场等。

■ 建筑艺术欣赏

图2-117　波波罗广场　　　图2-118　圣彼得大教堂前面的广场　　　图2-119　纳沃那广场

■ 建筑范例

图2-120　罗马耶稣会教堂

【范例分析】

罗马耶稣会教堂

罗马耶稣会教堂是第一个巴洛克建筑，是巴洛克的开始。它用柱形成连贯空间，将三个不同功能空间联系起来，祭坛空间与巴西利卡的连贯处理，双柱形式不再强调有秩序的安排，用灵活的方式强化一种局部，形成一种复杂有吸引力的立面；穹顶和巴西利卡的融合，双柱片段将空间引至中心平面，弱化侧廊，立面强调中心入口，中央入口处采用圆柱，比壁柱有更强的凸凹感（图2-120）。

■ **相关知识**

一、巴洛克建筑的主要特征

这一时期的第一个特征是炫耀财富。大量使用贵重的材料、精细的加工、刻意的装饰，以显示其富有与高贵。巴洛克风格室内空间的装饰，主要特征就是装饰日渐繁缛、色彩鲜丽。这一时期的第二个特征是追求新奇。建筑师们标新立异，前所未见的建筑形象和手法层出不穷。而创新的主要路径是：首先，赋予建筑实体和空间以动态，或者波折流转，打破建筑、雕刻和绘画的界限，使它们互相渗透；再次，则是不顾结构逻辑，采用非理性的组合，取得反常的效果。这一时期的第三个特征是趋向自然。在郊外兴建了许多别墅，园林艺术有所发展。在城里造了一些开敞的广场。建筑也渐渐开敞，并在装饰中增加了自然题材。这一时期的第四个特征是城市和建筑都有一种欢乐的气氛。因为这时期的建筑突破了欧洲古典的、文艺复兴的和后来古典主义的"常规"，所以被称为"巴洛克"式建筑。

二、巴洛克的主要建筑类型

1. 巴洛克教堂

天主教堂是巴洛克风格的代表性建筑，首先在罗马教廷的周围诞生了巴洛克教堂。由维尼奥拉和泡达设计的罗马耶稣会教堂是第一个巴洛克建筑，罗马的和平圣玛利亚教堂、圣卡罗教堂、康帕泰利的圣玛利亚教堂等都是巴洛克风格的建筑。

它们以罗马的耶稣会教堂为蓝板，一律用拉丁十字式，把侧廊改为几间小礼拜堂。但是，它们违反了宗教会议要求简单朴素的规定，相反，大量装饰壁画和雕刻，处处是大理石、铜和黄金，充满华丽感，而且它们的壁画使用透视法延续、扩大建筑空间。在天花上接着四壁的透视线再画上一两层，然后在檐口上画高远的天空、游云舒卷和飞翔的天使。整个装饰除了用透视法扩大空间外，还有色彩明亮、对比强烈以及构图极具动感的特点。

2. 巴洛克府邸和别墅

这一时期的府邸设计受到巴洛克教堂的影响，在平面设计中加入了曲线因素，空间变得复杂而有流动性，建筑外观也更加丰富。著名的府邸有位于都灵的卡里尼阿诺府邸、罗马的巴波利尼府邸等。

卡里尼阿诺府邸，以门厅为整个府邸的水平交通和垂直交通的枢纽，是建筑平面处理上很有意义的进步。门厅是椭圆的，有一对完全敞开的弧形楼梯靠着外墙，造成立面中段波浪式的曲面。楼梯形成了门厅中空间的复杂变化，而且本身也很富于装饰性，这进一步标志着室内设计水平的提高。

3. 巴洛克城市广场和外部空间

第一个重要的城市广场是波波罗广场，即人民广场，它位于罗马城的北门内，为了要达到由此可以通向全罗马的幻觉，建筑师法拉弟亚把广场设计成三条放射形大道的出发点。广场呈长圆形，有明确的主轴和次轴，中央设方尖牌，并在放射形大道之间建造了一对形式近似的巴洛克教堂，取得突出中心的效果。

第二个重要的城市广场是圣彼得大教堂前面的广场，由教廷总建筑师伯尼尼设计。广场以 1586 年竖立的方尖碑为中心，是横向长圆形的，长 198 m，面积 35000 m^2。它和教堂之间用一个梯形广场相接。梯形广场的地面向教堂逐渐升高，两个广场都被柱廊包围，为了同宽阔的广场相称，同高大的教堂相称，柱廊有 4 排粗重的塔什干式柱子，一共 284 根。柱子密密层层，所以虽然柱式严谨，布局简练，但构思仍然是巴洛克式的。

第三个重要的城布广场是封闭型的纳沃那广场，纳沃那广场有三个巴洛克式喷泉，中央的一个是四河喷泉，它是贝尔尼尼的又一个天才杰作。

三、意大利巴洛克的代表人物及主要成就

1. 维尼奥拉

维尼奥拉是意大利文艺复兴晚期的著名建筑师和建筑理论家，他在巴洛克艺术发展过程中起过重要作用。他在 1562 年出版了《建筑五大柱式的规则》，提供了更精准运用柱式的方法。

2. 贝尼尼

贝尼尼是意大利巴洛克风格的著名的雕刻家、建筑家和画家。他作为负责圣彼得大教堂的建筑师，设计了最中心位置祭坛的巨型华盖。

3. 博罗米尼

博罗米尼是 17 世纪意大利最伟大的建筑师，也是主导巴洛克风格的人物。他运用对比互换的凹凸线和复杂交错的几何形体得心应手，创造出一系列令人叹为观止的巴洛克建筑。

4. 隆恒纳

隆恒纳设计的圣玛利亚·德拉·萨卢特教堂中庭是一个高高的圆穹顶的空间，设计中连续变化的光影效果，体现了巴洛克空间的丰富性。

5. 瓜里尼

瓜里尼设计的圣罗洛佐教堂穹顶由于其几何复杂性和通过许多窗户带来的明亮光线，使这座教堂成为表达无限感的典范。

6. 尤瓦拉

尤瓦拉设计的斯图皮尼吉宫等，使空间复杂的巴洛克风格得到了进一步的升华。

■ 欣赏、要点及提示

家具与室内陈设

巴洛克家具摒弃了对建筑装饰的直接模仿，舍弃了将家具表面分割成许多小框架的方法以及复杂、华丽的表面装饰，而将富有表现力的细部相对集中，简化不必要的部分

而改成重点区分。加强整体装饰的和谐效果，彻底摆脱了家具设计一向从属于建筑设计的局面，这是家具设计上的一次飞跃。

巴洛克风格以浪漫主义作为形式设计的出发点，运用多变的曲面及线型，追求宏伟、生动、热情、奔放的艺术效果，而摒弃了古典主义造型艺术上的刚劲、挺拔、肃穆、古板的遗风。巴洛克家具在表面装饰上，除了精致的雕刻之外，金箔贴面、描金填彩涂漆以及细腻的薄木拼花装饰亦很盛行，以达到金碧辉煌的艺术效果。17世纪中期，从中国和日本传入了大漆涂饰、雕漆及贝雕镶嵌艺术，使得家具的表面装饰显得更豪华，以渲染其富丽堂皇。

巴洛克艺术的最早发源地是意大利的罗马，但巴洛克家具风格的形成却是在1620年间，在荷兰的安特卫普首先拉开了帷幕，并于1630年至1640年间在荷兰兴起，紧接着是法、英、德等国家受巴洛克风格的影响也都进入了巴洛克时代。特别是法国路易十四时期的巴洛克家具最负盛名，在欧洲各国中处于领先地位，成为巴洛克家具风格的典范（图2-121～图2-123）。

图 2-121 布鲁斯特隆扶手椅（意大利）

图 2-122 雅各宾式扶手椅（英国）

图 2-123 路易十四式扶手椅 （法国）

课题六　新古典主义和浪漫主义

内容简介：广义的古典主义建筑是指意大利文艺复兴建筑、巴洛克建筑和古典复兴建筑等采用古典柱式的建筑风格。

狭义的古典主义建筑是指运用纯正的古典柱式的建筑，主要是法国古典主义，及其他地区受其影响的建筑，即指17世纪法王路易十三、路易十四专制时期的建筑。

任务一　法国古典主义建筑

法国自16世纪起就不断寻求国家统一之路，在建筑风格上受到意大利文艺复兴的影响而逐渐摆脱中世纪哥特的束缚。到17世纪中叶，法国成为欧洲最强大的中央集权王国，进入到绝对君权时代，并在路易十四的统治下达到顶峰。

■ 建筑艺术欣赏

图 2-124　凡尔赛宫远景

图 2-125　凡尔赛宫花园

图 2-126　麦松府邸

图 2-127　恩瓦立德新教堂

■ 建筑范例

图 2-128 卢浮宫

图 2-129 卢浮宫中心花园

【范例分析】

卢浮宫东立面上下按照一个完整的柱式分作三部分，底层是基座，中段是两层高的巨柱式柱子，再上面是檐部和女儿墙。主体是由双柱形成的空柱廊，简洁洗练，层次丰富。

卢浮宫中央和两端各有凸出部分，将立面分为五段。两端的凸出部分用壁柱装饰，而中央部分用倚柱，有山花，因而主轴线很明确。左右分五段，上下分三段，都以中央一段为主的立面构图，在鲁佛尔宫东立面得到了第一个最明确、最和谐的成果。这种构图反映着以君主为中心的封建等级制的社会秩序，但它同时也是对立统一法则在构图中的成功运用（图 2-128、图 2-129）。

■ 相关知识

一、早期的古典主义

1. 新的主题

在建筑创作中，颂扬至高无上的君主成了越来越突出的主题。不仅建造宫殿，连建造城市广场也这样。采用定型设计完整地建造城市广场和街道是重要的进步现象。广场是封闭的、严正的几何形，一色的房屋。例如巴黎的沃士什广场就是正方形的，广场四面的房屋，底层设商店，前面有通长的券廊做人行道，上面几层是住宅。房屋是荷兰式的，由新教的工匠们从荷兰带回来，红砖的墙，白石的墙角、线脚、壁柱和门窗框等。屋顶高耸，深色。风格质朴明快。这种荷兰式砖建筑因为廉价，17 世纪初年在法国广泛流行。这些广场的政治思想主题是要为刚刚建立了绝对君权的国王树立纪念碑。

2. 新的风格

17 世纪中叶，法国文化中普遍形成了古典主义的潮流。在建筑中，这个潮流自然同16 世纪意大利刻意追求柱式的严谨和纯正的一派合拍，利用了它的成就和权威，于是，首先在宫廷和宫廷贵族的建筑里，然后在城市府邸里，一种风格清明的柱式建筑决定性地战胜了法国市民建筑的传统。代表这个转折的，是王室的布鲁阿府邸中奥尔良大公新建的一翼和麦松府邸，都是于·阿·孟莎设计的。这两幢建筑物的构图由柱式全面控制，用叠柱式作水平划分，但它们保留了法国 16 世纪以来的五段式立面，屋顶也还是高高的。

二、绝对君权的纪念碑——法国盛期古典主义建筑

古典主义建筑的极盛时期在 17 世纪下半叶，这时，法国的绝对君权在路易十四统治下达到了最高峰。宫廷的纪念性建筑物是古典主义建筑最主要的代表，集中在巴黎。古典主义建筑的胜利是经过同意大利的巴洛克建筑反复交锋后才获得的。凡尔赛宫东立面的设计竞赛，是这场交锋的战场。随后古典主义进入盛期。此时宫廷在全国建立了严密的统治，建筑的任务就是荣耀君主，于是进行了大规模的宫殿建设。宫廷的纪念性建筑是古典主义建筑最主要的代表，集中在巴黎。卢浮宫、凡尔赛宫是那个时期的重要标志性建筑。

1668 年，凡尔赛宫经勒伏设计，在旧府邸的南、北、西三面贴了一圈新建筑物，保留原来的三合院不动。新建部分以第二层为主，北面是一小串列厅，作为宫廷主要的公共活动场所，南面也是一串连列厅，是王妃卧室和命妇们活动的场所。在凡尔赛宫中最为著名的是举行重大的仪式的镜廊。镜廊用白色和淡紫色大理石贴墙面。科林斯式的壁柱，柱身用绿色大理石，柱头和柱础是铜铸的，镀金。柱头上的主要装饰母题是展开双翅的太阳，因为路易十四当时被尊称为"太阳王"。檐壁上雕刻着花环，檐口上坐着天使，都是金色的。拱顶上画着九幅国王的史迹画。镜廊的装修金碧辉煌，采用了大量意大利巴洛克式的手法。

在古典主义的盛期，法国巴黎也建造了一些教堂，其形制和立面都以罗马的耶稣会教堂为蓝本，拉丁十字式平面和大穹顶相结合。第一个完全的古典主义教堂建筑是孟莎设计的恩瓦立德新教堂（又称残废军人新教堂），它也是 17 世纪最完整的古典主义纪念物。

恩瓦立德新教堂的建筑特色是采用了正方形的希腊十字式平面，鼓座高举，穹顶饱满，全高达 105 m，成为一个地区的构图中心。穹顶分三层，外层用木屋架支搭，覆盖铅皮。中间一层用砖砌，最里面一层是石头砌的，直径 27.7 m，相当大。穹顶分里外层，为的是使内部空间和外部形体都有良好的比例。教堂内部明亮，装饰很有节制，单纯的柱式组合表现出严谨的逻辑性。建筑外观，中央两层门廊的垂直构图使穹顶、鼓座同方形的主体联系起来。鼓座的倚柱和穹顶的肋彼此呼应，造成向上的动势，集中到采光亭尖尖的顶端。鼓座的处理有巴洛克的手法。

三、君权衰退

17 世纪末到 18 世纪初，法国的君主专制政体出现危机，资产阶级开始要求政治权利，宫廷的鼎盛时代一去不返，贵族和资产阶级上层开始在巴黎营造私宅，追求安逸享乐。从此，贵族的沙龙对统治阶级的文化艺术发生了主导作用，卖弄风情、娇媚造作的趣味取代了忠君爱国式的庄重稳定、和谐统一。

■ 欣赏、要点及提示

古典主义的哲学基础——唯理论

唯理论认为：客观世界是可以认识的，理性是方法论的唯一依据，不承认感觉经验的真实性；几何学和数学是适用于一切知识领域的理性方法，君主制与等级制是理性的体现。

任务二　洛可可风格

洛可可风格是18世纪20年代产生于法国的一种建筑装饰风格。主要表现在室内装饰上，应用明快鲜艳的色彩、纤巧的装饰，家具精致而偏于烦琐，具有妖媚柔靡的贵族气味和浓厚的脂粉气。在装饰上表现为细腻柔媚，常用不对称手法，喜用弧线和S形线，爱用自然物做装饰题材，有时流于矫揉造作。色彩喜用鲜艳的浅色调的嫩绿、粉红等，线脚多用金色，反映了法国路易十五时代贵族的生活趣味。

■ 建筑艺术欣赏

图 2-130　凡尔赛宫镜廊一　　　　　　图 2-131　凡尔赛宫镜廊二

■ 建筑范例

图 2-132　巴黎苏俾士府邸客厅

【范例分析】

法国路易十五时期也就是洛可可时期的家具特征：家具是娇柔和雅致的，符合人体尺度，重点放在曲线上，特别是家具的腿，无横档，家具比较轻巧，因此容易移动；核桃木、红木、果木均使用，以及藤料、蒲制品和麦杆；华丽装饰包括雕刻、镶嵌、镀金物、油漆、彩饰、镀金。初期有许多新家具被引进或大量制造，采用色彩柔和的织物装饰家具，图案包括不对称的断开的曲线、花、扭曲的漩涡饰、贝壳、中国装饰艺术风格、乐器（小提琴、角制号角、鼓）、爱的标志（持弓箭的丘比特）、花环、牧羊人的场面、战利品饰（战役象征的装饰布置）、花和动物（图2-132）。

■ 相关知识

一、巴洛克风格家具

法国巴洛克风格亦称法国路易十四风格，其家具特征为：雄伟、带有夸张的、厚重的古典形式，雅致优美重于舒适，虽然用了垫子，采用直线和一些圆弧形曲线相结合和矩形、对称结构，采用橡木、核桃木及某些欧锻和梨木，嵌用斑木、鹅掌锹木等，家具下部有斜撑，结构牢固，直到后期才取消横档；既有雕刻和镶嵌细工，又有镀金或部分镀金或银、镶嵌、涂漆、绘画，在这个时期的发展过程中，原有的直腿变为曲线腿，桌面为大理石和嵌石细工，高靠背椅，靠墙布置带有精心雕刻的下部斜撑的蜗形腿狭台；装饰图案包括嵌有宝石的旭日形饰针，围绕头部有射线，在卵形内有双重"L"形，森林之神的假面，"C""S"形曲线，海豚、人面狮身、狮头和爪、公羊头、龟、橄榄叶、菱形花、水果、蝴蝶、矮棕榈和古代武器等。

二、洛可可风格家具

洛可可风格和巴洛克风格不同，洛可可风格在室内排斥一切建筑母题。过去用壁柱的地方，改用镶板或者镜子，四周用细巧复杂的边框围起来。凹圆线脚和柔软的涡卷代替了檐口和小山花。圆雕和高浮雕换成了色彩艳丽的小幅绘画和薄浮雕，浮雕的轮廓融进底子的平面之中。丰满的花环不用了，用纤细的璎珞。线脚和雕饰都是细细的、薄薄的，没有体积感。前一时期爱用的大理石，又硬又冷，不合小巧的客厅的情趣，除了壁炉上以外，其他地方都淘汰掉了。墙面大多用木板，漆白色，后来又多用木材本色，打蜡。装饰题材有自然主义的倾向，最爱用的是千变万化、纠缠着的草叶，此外还有蚌壳、蔷薇和棕榈。它们还构成撑托、壁炉架、镜框、门窗框和家具腿等。

三、新古典主义家具

（1）法国路易十六时期的家具特征：古典影响占统治地位，家具更轻、更女性化和细软，考虑人体舒适的尺度，对称设计，带有直线和几何形式，大多为喷漆的家具，橱柜和五斗柜是矩形的，在箱盒上的五金吊环饰有四周框架图案，座椅上装坐垫，直线腿，向下部逐渐变细，箭袋形或细长形，有凹槽，椅靠背是矩形、卵形或圆雕饰，顶点用青铜制，金属镶嵌是有节制的，镶嵌细工及镀金等装潢都很精美雅致，装饰图案源于希腊。

（2）法国帝政时期（1804～1815年）：家具带有刚健曲线和雄伟的比例，体量厚重，装饰包括厚重的平木板、青铜支座，镶嵌宝石、银、浅浮雕、镀金，广泛使用漩涡式曲线以及少量的装饰线条，家具外观对称统一，采用暗销的胶粘结构。1810年前一直使用红木，后采用橡木、山毛榉、枫木、柠檬木等。

（3）英国摄政时期（1811～1830年）：设计的舒适为主要标准，形式、线条、结构、表面装饰都很简单，许多部件是矩形的，以红木和黑、黄檀为主要木材。装饰包括小雕刻、小凸线、雕镂合金、黄铜嵌带、狮足，采用小脚轮，柜门上采用金属线格。

四、维多利亚时期家具

维多利亚时期家具是19世纪混乱风格的代表，不加区别地综合了历史上的家具形式。图案花纹包括古典、洛可可、哥特式、文艺复兴、东方的土耳其等，十分混杂。设计趋于退化。1880年后，家具由机器制作，采用了新材料和新技术，如金属管材、铸铁、弯曲木、层压木板。椅子装有螺旋弹簧，装饰包括镶嵌、油漆、镀金、雕刻等。采用红木、橡木、青龙木、乌木等。构件厚重，家具有舒适的曲线及圆角。

■ 欣赏、要点及提示

家具欣赏

欧式这一时期的家具，对每个细节精益求精，在庄严气派中追求奢华优雅，蕴含着欧洲传统的历史痕迹与深厚的文化底蕴（图2-133～图2-141）。

图2-133 巴洛克式陈列柜（意大利）

图2-134 法国路易十四柯莫德

图2-135 法国路易十四式长桌

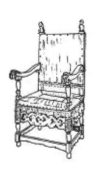

图 2-136　英国—荷兰式扶手椅　　图 2-137　英国扶手椅　　　　图 2-138　向日葵柜（约 1670 年）
（17 世纪）　　　　　　　　　（17 世纪马罗制作）

图 2-139　摄政式柯莫德（1730 年）　图 2-140　路易十五式扶手椅　　图 2-141　路易十五式安乐椅
　　　　　　　　　　　　　　　　　（18 世纪法国）　　　　　　　（18 世纪法国）

模块三

师法自然
——中国古典建筑艺术

　　中国悠久的历史创造了灿烂的古代文化，而古建筑便是其重要组成部分。中国古代建筑不仅是我国现代建筑设计的借鉴，而且早已产生了世界性的影响，成为举世瞩目的文化遗产。欣赏中国古建筑，就好比翻开一部沉甸甸的史书。那洪荒远古的传说，秦皇汉武的丰功，大唐帝国的气概，明清宫禁的烟云，还有史书上找不到记载的千千万万劳动者的聪明才智，都一一被它形象地记录了下来。中国古建筑从总体上说是以木结构为主，以砖、瓦、石为辅发展起来的。从建筑外观上看，每个建筑由上、中、下三部分组成。上层为屋顶，下层为基座，中间为柱子、门窗和墙面。在柱子之上屋檐之下还有一种由木块纵横穿插，层层叠叠组合成的构件叫做斗拱。这是以中国为代表的东方建筑所特有的构件，它既可以承托屋檐和屋内的梁与天花板，又俨然具有较强的装饰效果。斗拱这个词在谈论中国古建筑中不可不提，由于它在历代建筑中的做法极富变化，因而成为古建筑鉴定的最主要依据。

课题七　中国古典建筑的基本特征

内容简介：中国古建筑从总体上说是以木结构为主，以砖、瓦、石为辅发展起来的。从建筑外观上看，每个建筑都由上、中、下三部分组成。上为屋顶，下为基座，中间为柱子、门窗和墙面。在柱子之上屋檐之下还有一种由木块纵横穿插、层层叠叠组合成的构件叫做斗拱。这是以中国为代表的东方建筑所特有的构件。它既可承托屋檐和屋内的梁与天花板，又俨然具有较强的装饰效果。斗拱这个词在谈论中国古建筑中不可不提，由于它在历代建筑中的做法极富变化，因而成为古建筑鉴定的最主要依据。

任务一　中国古典建筑的特征演变

■ 建筑艺术欣赏

图3-1　太和殿

图3-2　佛光寺大殿

图3-3　沈阳故宫

图3-4　天坛祈年殿

■ 建筑范例

【范例分析】

一、建筑外形上的特征

外形上的特征是中国古代建筑最为显著的特点，它们由屋顶、屋身和台基三个部分组成（图 3-5），各部分的外形和其他国家建筑迥然不同，这种独特的建筑外形，完全是由于建筑的功能、结构和艺术高度结合而产生的。

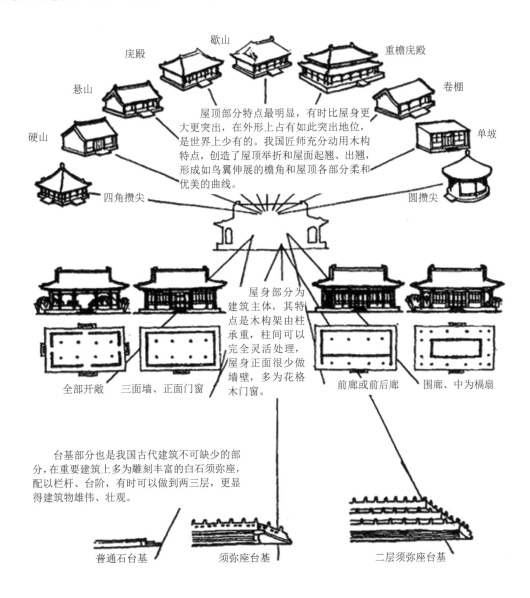

图 3-5　中国古代建筑屋顶、屋身和台基的外形

二、建筑装饰及色彩

中国古代建筑上的装饰细部大部分都是梁枋、斗拱、檩椽等结构构件经过艺术加工而发挥其装饰作用的。我国古代建筑还综合运用了我国工艺美术以及绘画、雕刻、书法等方面的卓越成就，如额枋上的匾额、柱上的楹联、门窗上的棂格等，都是丰富多彩、变化无穷，具有我国浓厚的传统民族风格（图3-6）。

色彩的使用也是我国古代建筑最显著的特征之一，如宫殿庙宇中用黄色琉璃瓦顶、朱红色屋身，檐下阴影里用蓝绿色略加点金，再衬以白色石台基，各部分轮廓鲜明，使建筑物更显得富丽堂皇。在建筑上使用这样强烈的色彩而又得到如此完美的效果，在世界建筑上也是少有的。色彩的使用，在封建社会中也受到等级制度的限制，在一般住宅建筑中多用青灰色的砖墙瓦顶，或用粉墙瓦檐、木柱，梁枋门窗等多用黑色、褐色或本色木面，也显得十分雅致。

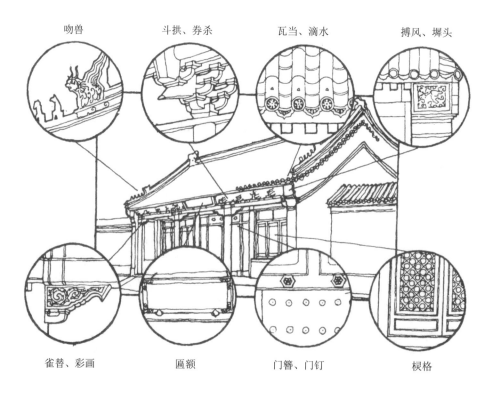

图3-6 古建筑细部放大图

■ 相关知识

余姚河姆渡遗址

余姚河姆渡遗址是中国南方早期新石器时代遗址，河姆渡的干阑木构已初具木构架建筑的雏形，榫卯结构体现了木构建筑之初的技术水平，具有重要的参考价值和代表意义（图3-7、图3-8）。

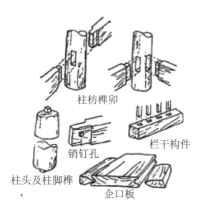

图 3-7　榫卯结构

图 3-8　河姆渡遗址出土的木构件

■ **欣赏要点及提示**

　　塔自从传入我国之后，结合原有建筑的结构与艺术造型，创造出了许多种新形式，成为中国古代建筑中重要的组成部分（图 3-9～图 3-11）。

图 3-9　河南登封嵩岳寺塔

图 3-10　山西应县佛宫寺释迦塔

图 3-11　大雁塔

图 3-12　开元寺料敌塔

任务二　中国古典建筑的结构形式

■ 建筑艺术欣赏

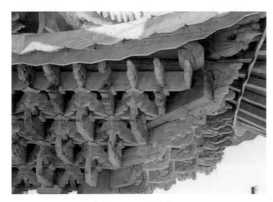

图 3-13　木斗拱一

图 3-14　木斗拱二

图 3-15　木斗拱三

图 3-16　独乐寺观音阁剖面

图 3-17　上海世博会中国馆

■ 建筑范例

【范例分析】

木构架的分类

中国古代建筑从原始社会起，一脉相承，以木构架为其主要结构方式，并创造与这种结构相适应的各种平面和外观，形成了一种独特的风格。木构架又有抬梁、穿斗、井干三种不同的结构方式，而抬梁式使用范围较广，在三者中居于首要地位。

1. 抬梁式木构架

抬梁式木构架是沿着房屋的进深方向在石础上立柱，柱上架梁，再在梁上重叠数层瓜柱和梁，自下而上，逐层缩短，逐层加高，至最上层梁上立脊瓜柱，构成一组木构架，如图 3-18 所示。

2. 穿斗式木构架

穿斗式木构架是沿着房屋的进深方向立柱，但柱的间距较密，柱直接承受重量，不用架空的抬梁，而以数层"穿"贯通各柱，组成一组组的构架，也就是用较小的柱与数木拼合的穿，做成相当大的构架，如图 3-19 所示。

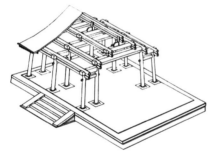
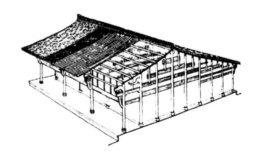

图 3-18　抬梁式　　　　　　　　　　　图 3-19　穿斗式

3. 井干式木构架

井干式木构架是用天然圆木或方形、矩形、六角形断面的木料，层层累叠，构成房屋的壁体。

■ 相关知识

山西五台佛光寺大殿

佛光寺创建于北魏孝文帝（471 ～ 499 年）时期，隋、唐时寺况兴盛。唐武宗（841 ～ 846 年）灭佛法时，佛光寺遭到破坏，现存东大殿，为唐宣宗大中十一年（877年）重建，殿内塑像、壁画、石刻，殿外墓塔、经幢。佛光寺大殿是现存的三座唐代木构建筑中规模最大的，建于 857 年（唐宣宗大中十一年）。五台山在唐代是佛教圣地，佛光寺是当时的五台名刹之一。现在佛光寺的殿堂中只有大殿是唐代建筑。大殿面阔七间，进深八架椽，单檐庑殿顶，总宽度为 34 m，总深度为 17.66 m。由内外两圈柱子形成"回"字形的柱网平面，称为"金厢斗底槽"。整个构架由回字形的柱网、斗拱层和梁架三部分组成，这种水平结构层组合、叠加的做法是唐代殿堂建筑的典型结构做法。佛光寺大殿作为唐代建筑的典范，形象地体现了结构和艺术的高度统一，简单的平面，却有丰富的室内空间；大大小小、各种形式的上千个木构件通过榫卯紧紧地咬合在一起，构件虽然很多但是没有多余的、没用的；而外观造型则雄健、沉稳、优美，表现出唐代建筑的典型风格（图 3-20、图 3-21）。

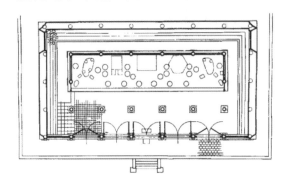 

图 3-20　佛光寺大殿平面图　　　　　　　　　图 3-21　佛光寺大殿立面图

■ 欣赏要点及提示

斗拱

斗拱是中国古代木结构建筑中最具特色的一种构件，某种程度上也可称得上是中国古代传统木结构建筑的象征。斗拱是靠榫卯结构将一组小木构件相互叠压组合而成的一类构件， 用于柱顶、额枋、屋檐及构架间，起承重连接作用。斗拱的历史非常悠久，不同时代，斗拱的构成和形态各不相同，但基本都由两个功能件组成：一是横向或纵向用于承托枋梁的"拱"，二是位于"拱"间，承托连接各层"拱"的方形构件"斗"，如图 3-22 所示。"斗拱"的名称也由此而来。

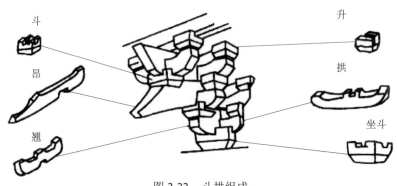

图 3-22　斗拱组成

课题八 中国古典建筑的表现形式

内容简介：中国建筑一开始就不是以单一的独立个别建筑为目标，而是以整体建筑群的结构布局、配合制约而取胜。从仰韶时期的居住村落到商朝院落群体，再到后来的丰字型民居以及历代的宫殿建筑群，这些都是以空间规模巨大、平面铺开、纵深发展、对称布局为主要表现形式，组成了相互联系、相互制约的有机的平面整体。建筑布局十分讲究群体环境观念，不仅强调建筑物与建筑物之间的协调，还要考虑建筑物与地形、植物、水体及其他环境小品之间的协调。看似非常简单的基本单位却组成了复杂的结构群体，形成了在严格对称中仍有变化，在多样变化中又有统一的风格面貌。

任务一 中国古典建筑的组群形式

■ 建筑艺术欣赏

图 3-23 北京故宫

图 3-24　沈阳故宫

图 3-25　承德避暑山庄

图 3-26　北京天坛

■　建筑范例

【范例分析】

建筑群体布局的特征

以院子为中心，四面布置建筑物，每个建筑物的正面都面向院子，并在这一面设门窗，规模较大的建筑由若干个院子组成，有显著的中轴线，线上布置主要的建筑物，两侧的次要建筑多作对称的布置，如图 3-27 所示。

图 3-27　故宫建筑群体布局

■ 相关知识

一、故宫

故宫的建筑依据其布局与功用分为"外朝"与"内廷"两大部分。"外朝"与"内廷"以乾清门为界，乾清门以南为外朝，以北为内廷。故宫外朝、内廷的建筑气氛迥然不同。外朝以太和殿、中和殿、保和殿三大殿为中心，位于整座皇宫的中轴线，其中三大殿中的"太和殿"俗称"金銮殿"，是皇帝举行朝会的地方，也称为"前朝"，是封建皇帝行使权力、举行盛典的地方。此外两翼东有文华殿、文渊阁、上驷院、南三所；西有武英殿、内务府等建筑。内廷以乾清宫、交泰殿、坤宁宫后三宫为中心，两翼为养心殿、东六宫、西六宫、斋宫、毓庆宫，后有御花园，是封建帝王与后妃居住、游玩之所。内廷东部的宁寿宫是为当年乾隆皇帝退位后养老而修建。内廷西部有慈宁宫、寿安宫等。此外还有重华宫、北五所等建筑。

二、天坛

天坛在故宫东南方，占地 273 万 m²，比故宫大 4 倍，是明、清朝两代帝王冬至日时祭皇天上帝和正月上辛日行祈谷礼的地方。天坛建筑布局呈"回"字形，由两道坛墙分成内坛、外坛两大部分。外坛墙总长 6416 m，内坛墙总长 3292 m。最南的围墙呈方型，象征地，最北的围墙呈半圆型，象征天，北高南低，这既表示天高地低，又表示"天圆地方"。天坛的主要建筑物集中在内坛中轴线的南北两端，其间由一条宽阔的丹陛桥相连接，由南至北分别为圜丘坛、皇穹宇、祈年殿和皇乾殿等，另有神厨、宰牲亭和斋宫等建筑和古迹，设计巧妙，色彩调和，建筑高超。

■ 欣赏要点及提示

明清北京故宫称"紫禁城"，又称"故宫"。 故宫是明代永乐十八年（1420 年）建成的建筑群，是明永乐十八年到清朝（1420 ～ 1912 年）的皇宫，是无与伦比的古代建筑杰作，也是世界现存最大、最完整的木质结构的古建筑群。传说，玉皇大帝有 10000 个宫殿，而皇帝为了不超越神，所以故宫修建了 9999 间半宫殿，据实际统计，共8704 间。

坛庙建筑是介于宗教建筑和非宗教建筑之间的一种独特的建筑类型，多供奉自然山川、祖先伟人。中国古代的坛庙主要有三类：第一类是祭祀自然神，源自对自然山川的原始崇拜，包括天、地、日、月、风云雷雨、社稷（土地神）、山神、水神等；第二类是祭祀祖先，帝王祭祀祖先的宗庙称为太庙，各级官吏按制度也设有相应规模的家庙、祠堂；第三类是先贤祠庙，如孔子庙、武侯庙、关帝庙等。

陵墓建筑是指中国古代埋葬帝王、后妃的文木和祭祀建筑群。陵墓建筑一般分为地上和地下两部分。地下是放置棺椁的墓室，从最初的木结构发展到砖石结构。地上部分是指环绕陵体形成的陵区中的一系列布置，从地形的选择到入口、神道、祭祀建筑、绿化等，都有非常完善的制度。

任务二　清式建筑装饰做法

■ 建筑艺术欣赏

图 3-28　古建筑屋顶细部一

图 3-29　苏式彩画示意图

图 3-30　古建筑屋顶细部二

图 3-31　和玺彩画示意图

图 3-32 旋子彩画示意图

■ 建筑范例

【范例分析】

1. 罩

罩是分隔室内空间的装修，就是在柱子之间做上各种形式的木花格或雕刻，如图 3-33、图 3-34 所示。

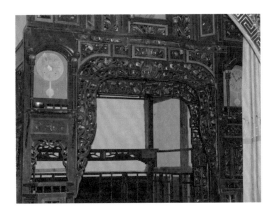

图 3-33 罩一

图 3-34 罩二

2. 台基、台阶

台基是全部建筑物的基础，其构造是四面砖墙、里面填土、上面墁砖的台子，如图 3-35 所示。

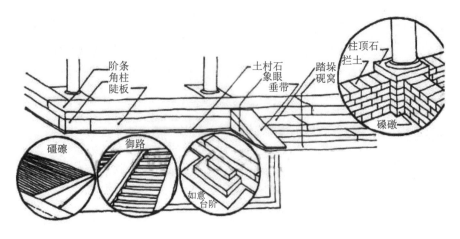

图 3-35　台基

3. 屋顶瓦作

屋瓦的做法及形制如图 3-36 所示。

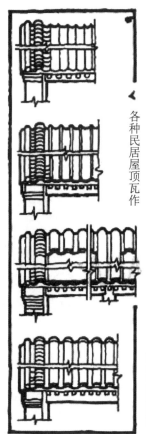

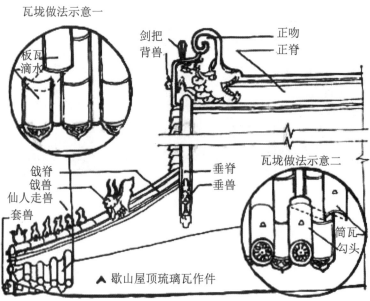

屋顶瓦作分为大式、小式；大式有筒瓦骑缝，脊上有吻兽等，小式无吻兽。

屋脊是不同坡面的交界，作用在于防漏，上有各种装饰。

图 3-36　屋顶瓦作

■ 相关知识

彩画

1. 和玺彩画

和玺彩画等级最高（和玺彩画根据建筑的规模、等级与使用功能的需要，分为金龙和玺、金凤和玺、龙凤和玺、龙草和玺和苏画和玺等五种），如故宫的三大殿、乾清宫、交泰殿等皆用之。其特点是用两个形象如书名号的线条括起，其间用龙和凤的图案组成，间补以花卉图案，并大面积的沥粉贴金，较少用晕，又以蓝绿色相间形成对比并衬托金色图案，显得金碧辉煌，如图 3-31 所示。

2. 旋子彩画

这种彩画应用范围较广，一般的官衙、庙宇主殿和宫殿、坛庙的次要殿堂都用。其特点是主要画面用书名号的图形括起，括线内图案视建筑物的等级高低而定，高级的描龙画凤、贴金，低等级的，只能画一道墨线，称"一统天下"，如图 3-32 所示。

3. 苏式彩画

多用于住宅园林。其布局灵活，绘画题材广泛，常绘历史人物故事、山水风景、花鸟虫鱼等，如图 3-29 所示。

■ 欣赏要点及提示

建筑等级与形式在宫殿建筑屋顶中的体现

中国古建筑屋顶可分为以下几种形式：硬山、悬山、攒尖、歇山、庑殿等五种，根据建筑等级要求分别选用；每种屋顶又有单檐与重檐、起脊与卷棚的区别；个别建筑也有采用叠顶、盝顶、十字脊歇山顶及拱顶的；南方民居的硬山屋顶多采用高于屋面的封火山墙。中国古建筑格式屋顶如图 3-37 所示。

其中庑殿顶、歇山顶、攒尖顶又分为单檐（一个屋檐）和重檐（两个或两个以上屋檐）两种，歇山顶、悬山顶、硬山顶可衍生出卷棚顶。

古建筑屋顶除功能性外，还是等级的象征。其等级大小依次为：重檐庑殿顶＞重檐歇山顶＞重檐攒尖顶＞单檐庑殿顶＞单檐歇山顶＞单檐攒尖顶＞悬山顶＞硬山顶＞盝顶。此外，除上述几种屋顶外，还有扇面顶、万字顶、盝顶、勾连搭顶、十字顶、穹窿顶、圆券顶、平顶、单坡顶、灰背顶等特殊的形式（图 3-38 ～图 3-49）。

悬山

硬山

单檐庑殿

单檐歇山

卷棚

攒尖

重檐攒尖

重檐歇山

重檐庑殿

图 3-37　中国古代建筑各式屋顶

图 3-38　重檐庑殿顶 —— 曲阜孔庙大成殿

图 3-39 单檐庑殿顶——皇乾殿

图 3-40 重檐歇山顶——故宫保和殿

图 3-41 单檐歇山顶——智化寺

图 3-42　悬山顶

图 3-43　硬山顶——广智院一角

图 3-44　重檐攒尖顶——祈年殿

图 3-45　重檐攒尖顶 —— 丽江黑龙潭公园

图 3-46　攒尖顶 —— 故宫中和殿

图 3-47　盔顶 —— 岳阳楼

图 3-48　十字歇山顶 —— 故宫角楼

图 3-49　卷棚悬山顶 —— 颐和园文昌院

课题九　园林建筑与文化

　　内容简介：中国的园林建筑历史悠久，在世界园林史上享有盛名。在3000多年前的周朝，中国就有了最早的宫廷园林。此后，中国的都城和地方著名城市无不建造园林，中国城市园林丰富多彩，在世界三大园林体系中占有光辉的地位。以山水为主的中国园林风格独特，其布局灵活多变，将人工美与自然美融为一体，形成巧夺天工的奇异效果。这些园林建筑源于自然而高于自然，隐建筑物于山水之中，将自然美提升到更高的境界。中国园林建筑包括宏大的皇家园林和精巧的私家园林，这些建筑将山水地形、花草树木、庭院、廊桥及楹联匾额等精巧布设，使得山石流水处处生情，意境无穷。中国园林的境界大体分为治世境界、神仙境界、自然境界三种。

任务一　皇家园林

　　皇家园林是最早出现的中国古典园林，历史上每个朝代几乎都有皇家园林的设置。皇家园林属于皇帝个人和皇室所私有，尽管大多是利用自然山水加以改造而成，但也要在营造如花的风景的同时显示皇家的气派。

■ 建筑艺术欣赏

图 3-50　颐和园全景图

图 3-51　颐和园一

图 3-52　颐和园二

图 3-53　颐和园三

图 3-54　颐和园四

图 3-55 承德避暑山庄一

图 3-56 承德避暑山庄二

图 3-57 承德避暑山庄三

图 3-58 承德避暑山庄四

■ 建筑范例

颐和园

颐和园是中国现存规模最大、保存最完整的皇家园林，中国四大名园（另三座为承德避暑山庄、苏州拙政园、苏州留园）之一。位于北京市海淀区，距北京城区 15 km，占地约 2.9 km²。它是利用昆明湖、万寿山为基址，以杭州西湖风景为蓝本，汲取江南园林的某些设计手法和意境而建成的一座大型天然山水园，也是保存的最完整的一座皇家行宫御苑，被誉为皇家园林博物馆。

颐和园景区规模宏大，主要由万寿山和昆明湖两部分组成，其中水面占四分之三。颐和园集传统造园艺术之大成，万寿山、昆明湖构成其基本框架，借景周围的山水环境，饱含中国皇家园林的恢弘富丽气势，又充满自然之趣，高度体现了"虽由人作，宛自天开"的造园准则。颐和园亭台、长廊、殿堂、庙宇和小桥等人工景观与自然山峦和开阔的湖面相互和谐、艺术地融为一体，整个园林艺术构思巧妙，是集中国园林建筑艺术之大成的杰作，在中外园林艺术史上地位显著。

园中主要景点大致分为三个区域：以庄重威严的仁寿殿为代表的政治活动区，是清朝末期慈禧与光绪从事内政、外交等政治活动的主要场所。以乐寿堂、玉澜堂、宜芸馆等庭院为代表的生活区，是慈禧、光绪及后妃居住的地方。以万寿山和昆明湖等组成的风景游览区，也可分为万寿前山、昆明湖、后山后湖三部分。以长廊沿线、后山、西区组成的广大区域，是供帝后们澄怀散志、休闲娱乐的苑园游览区。颐和园平面图如图3-59所示。

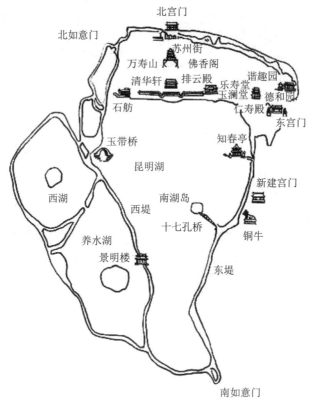

图 3-59　颐和园平面图

■ 相关知识

中国古代园林建筑的起源和发展

据文献记载，早在商周时期我们的先人就已经开始了利用自然的山泽、水泉、树木、鸟兽进行初期的造园活动。最初的形式为囿。囿是指在圈定的范围内让草木和鸟兽滋生繁育；还挖池筑台，供帝王和贵族们狩猎和享乐。公元前 11 世纪，周武王曾建"灵囿"。

春秋战国时期的园林中已经有了成组的风景，既有土山又有池沼或台。自然山水园林已经萌芽，而且在园林中构亭营桥，种植花木。园林的组成要素都已具备，不再是简单的囿了。

秦汉时期出现了以宫室建筑为主的宫苑，秦始皇建上林苑，引渭水作长池，并在池中筑蓬莱山以象征神山仙境。

魏晋南北朝时期是中国园林发展中的转折点。佛教的传入及老庄哲学的流行，使园林转向崇尚自然。私家园林逐渐增加。

唐宋时期园林达到成熟阶段，官僚及文人墨客自建园林或参与造园工作，将诗与画融入园林的布局与造景中，反映了当时社会上层地主阶级的诗意化生活要求。另外，唐宋写意山水园在体现自然美的技巧上取得了很大的成就，如叠石、堆山、理水等。

明清时期，园林艺术进入精深发展阶段，无论是江南的私家园林，还是北方的帝王宫苑，在设计和建造上都达到了高峰。现代保存下来的园林大多属于明清时代，这些园林充分表现了中国古代园林的独特风格和高超的造园艺术。

■ 欣赏、要点及提示

一、中国古代园林建筑要素

（一）筑山

为表现自然，筑山是造园的最主要的因素之一。秦汉的上林苑，用太液池所挖土堆成岛，象征东海神山，开创了人为造山的先例。

东汉梁冀模仿伊洛二峡，有园中累土构石为山，从而开拓了从对神仙世界的向往，转向对自然山水的模仿，标志着造园艺术以现实生活作为创作起点。

魏晋南北朝的文人雅士们，采用概括、提炼手法，所造山的真实尺度大大缩小，力求体现自然山峦的形态和神韵。这种写意式的叠山，比自然主义模仿大大前进一步。

唐宋以后，由于山水诗、山水画的发展以及玩赏艺术的发展，对叠山艺术更为讲究。最典型的例子便是爱石成癖的宋徽宗，他所筑的良岳是历史上规模最大、结构最奇巧、以石为主的假山。

明代造山艺术更为成熟和普及。明末造家园计成在《园冶》的"摄山"一节中，列举了园山、厅山、楼山、阁山、书房山、池山、内室山、峭壁山、山石池、金鱼缸、峰、峦、岩、洞、涧、曲水、瀑布等17种形式，总结了明代的造山技术。清代造山技术更为发展和普及。现存的苏州拙政园、常熟的燕园、上海的豫园，都是明清时代园林造山的佳作。

（二）理池

为表现自然，理池也是造园最主要因素之一。不论哪一种类型的园林，水是最富有生气的因素，无水不活。自然式园林以表现静态的水景为主，以表现水面平静如镜或烟波浩淼的寂静深远的境界取胜。人们或观赏山水景物在水中的倒影，或观赏水中怡然自得的游鱼，或观赏水中芙蕖睡莲，或观赏水中皎洁的明月……自然式园林也表现水的动态美，但不是喷泉和规则式的台阶瀑布，而是自然式的瀑布。池中有自然的肌头、矶口，以表现经人工美化的自然。正因为如此，园林一定要省池引水。古代园林理水之法，一般有三种：

1. 掩。以建筑和绿化，将曲折的池岸加以掩映。临水建筑，除主要厅堂前的平台，为突出建筑的地位，不论亭、廊、阁、榭，皆前部架空挑出水上，水犹似自其下流出，用以打破岸边的视线局限；或临水布蒲苇岸、杂木迷离，造成池水无边的视觉印象。

2．隔。或筑堤横断于水面，或隔水净廊可渡，或架曲折的石板小桥，或涉水点以步石，正如计成在《园冶》中所说，"疏水若为无尽，断处通桥"，如此则可增加景深和空间层次，使水面有幽深之感。

3．破。水面很小时，如曲溪绝涧、清泉小池，可用乱石为岸，怪石纵横、犬牙交互，并植配以细竹野藤、朱鱼翠藻，那么虽是一洼水池，也令人似有深邃山野风致的审美感觉。

（三）植物

植物是造山理池不可缺少的因素。花木犹如山峦之发，水景如果离开花木也没有美感。自然式园林着意表现自然美，对花木的选择标准，一讲姿美，树冠的形态、树枝的疏密曲直、树皮的质感、树叶的形状，都追求自然优美；二讲色美，树叶、树干、花都要求有各种自然的色彩美，如红色的枫叶，青翠的竹叶、白皮松，斑驳的粮榆，白色广玉兰，紫色的紫薇等；三讲味香，要求自然淡雅和清幽。最好四季常有绿，月月有花香，其中尤以腊梅最为淡雅、兰花最为清幽。花木对园林山石景观起衬托作用，又往往和园主追求的精神境界有关。如竹子象征人品清逸和气节高尚，松柏象征坚强和长寿，莲花象征洁净无瑕，兰花象征幽居隐士，玉兰、牡丹、桂花象征荣华富贵，石榴象征多子多孙，紫薇象征高官厚禄等。

古树名木对创造园林气氛非常重要。古木繁花，可形成古朴幽深的意境。所以如果建筑物与古树名木矛盾时，宁可挪动建筑以保住大树。计成在《园冶》中说："多年树木，碍箭檐垣，让一步可以立根，研数桠不妨封顶。"构建房屋容易，百年成树艰难。

除花木外，草皮也十分重要，或平坦或起伏或曲折的草皮，也令人陶醉于向往中的自然。

（四）动物

中国古典园林重视饲养动物。最早的范围中，以动物作为观赏、娱乐对象。魏晋南北朝园林中有众多鸟禽，使之成为园林山水景观的天然点缀。明清时园中有白鹤、鸳鸯、金鱼，还有天然鸟蝉等。园中动物可以观赏娱乐，可以隐喻长寿，也可以借以扩大和涤化自然境界，令人通过视觉、听觉产生联想。

（五）建筑

园林中建筑有十分重要的作用。它可满足人们生活享受和观赏风景的愿望。中国自然式园林，其建筑一方面要可行、可观、可居、可游，另一方面起着点景、隔景的作用，使园林移步换景、渐入佳境，以小见大，又使园林显得自然、淡泊、恬静、含蓄。这是与西方园林建筑很不相同之处。中国自然式园林中的建筑形式多样，有堂、厅、楼、阁、馆、轩、斋、榭、舫、亭、廊、桥、墙等。

（六）匾额、楹联与刻石

每个园林建成后，园主总要邀集一些文人，根据园主的立意和园林的景象，给园林和建筑物命名，并配以匾额题词、楹联诗文及刻石。匾额是指悬置于门振之上的题字牌，楹联是指门两侧柱上的竖牌，刻石指山石上的题诗刻字。园林中的匾额、楹联及刻石的内容，多数是直接引用前人已有的现成诗句，或略作变通，如苏州拙政园的浮翠阁引自苏东坡诗中的"三峰已过天浮翠"。还有一些是即兴创作的。另外还有一些园景题名出自名家之手。不论是匾额楹联还是刻石，不仅能够陶冶情操，抒发胸臆，也能够起到点景的作用，为园中景点增加诗意，拓宽意境。

二、中国古代园林基本构景手段

（一）抑景

中国传统艺术历来讲究含蓄，所以园林造景也绝不会让人一走进门口就看到最好的景色，最好的景色往往藏在后面，这叫做"先藏后露"、"欲扬先抑"、"山重水复疑无路，柳暗花明又一村"，采取抑景的办法，才能使园林显得有艺术魅力。如园林入口处常迎门挡以假山，这种处理叫做山抑。

（二）添景

当甲风景点在远方，或自然的山，或人文的塔，如没有其他景点在中间、近处作过渡，就显得虚空而没有层次；如果在中间、近处有乔木、花卉作中间、近处的过渡景，景色就会显得有层次美，这中间的乔木和近处的花卉，便叫做添景。如当人们站在北京颐和园昆明湖南岸的垂柳下观赏万寿山远景时，万寿山因为有倒挂的柳丝作为装饰而变得生动起来。

（三）夹景

当甲风景点在远方，或自然的山，或人文的建筑（如塔、桥等），它们本身都很有审美价值，如果视线的两侧大而无当，就显得单调乏味；如果两侧用建筑物或树木花卉屏障起来，使甲风景点更显得有诗情画意，这种构景手法即为夹景。如在颐和园后山的苏州河中划船，远方的苏州桥主景，为两岸起伏的土山和美丽的林带所夹峙，构成了明媚动人的景色。

（四）对景

在园林中，或登上亭、台、楼、阁、榭，可观赏堂、山、桥、树木……或在堂桥廊等处可观赏亭、台、楼、阁、榭，这种从甲观赏点观赏乙观赏点，从乙观赏点观赏甲观赏点的方法（或构景方法），叫对景。

（五）框景

园林中的建筑的门、窗、洞，或乔木树枝抱合成的景框，往往把远处的山水美景或人文景观包含其中，这便是框景。

（六）漏景

园林的围墙上，或走廊（单廊或复廊）一侧或两侧的墙上，常常设以漏窗，或雕以带有民族特色的各种几何图形，或雕以民间喜闻乐见的葡萄、石榴、老梅、修竹等植物，或雕以鹿、鹤、兔等动物，透过漏窗的窗隙，可见园外或院外的美景，这叫做漏景。

（七）借景

大到皇家园林，小至私家园林，空间都是有限的。在横向或纵向上让游人扩展视觉和联想，才可以小见大，最重要的办法便是借景。所以计成在《园冶》中指出，"园林巧于因借"。借景有远借、邻借、仰借、俯借、应时而借之分。借远方的山，叫远借；借邻近的大树叫邻借；借空中的飞鸟，叫仰借；借池塘中的鱼，叫俯借；借四季的花或其他自然景象，叫应时而借。

基本构景手段在中国古代园林中的运用如图 3-60 ～ 图 3-65 所示。

图 3-60　颐和园五

图 3-61　颐和园六

图 3-62　承德避暑山庄五

图 3-63　承德避暑山庄六

图 3-64　承德避暑山庄七

图 3-65　承德避暑山庄八

任务二 私家园林

　　私家园林是相对于皇家园林而言的，园主大都是民间退休官僚、文人、地主、富商。中国古代的礼法制度为了区分尊卑贵贱，对普通百姓的生活和消费方式做出种种限定，因此，私家园林无论在内容上或形式方面都表现出许多不同于皇家园林之处。中国古典私家园林的兴盛始于魏晋南北朝时期，开启了后世文人经营园林的先河。

■ 建筑艺术欣赏

图 3-66　拙政园一

图 3-67　拙政园二

图 3-68　留园一

图 3-69　网师园一

图 3-70　网师园二

图 3-71　狮子林一

■ 建筑范例分析

拙政园

拙政园是江南园林的代表，苏州园林中面积最大的古典山水园林，建于明代正德四年（1509年），是中国四大名园之一，占地52000 m²。500多年来，拙政园屡换园主，或为私园，或为官府，或散为民居，直到20世纪50年代，才完璧合一，恢复初名"拙政园"。拙政园全园占地78亩（52000 m²），分为东、中、西和住宅四个部分。住宅是典型的苏州民居。拙政园，这一大观园式的古典豪华园林，以其布局的山岛、竹坞、松岗、曲水之趣，被胜誉为"天下园林之典范"，与承德避暑山庄、留园、北京颐和园齐名。拙政园中现有的建筑，大多是清咸丰九年（1850年）拙政园成为太平天国忠王府花园时重建，至清末形成东、中、西三个相对独立的小园（图3-66、图3-67）。

■ 相关知识

中国古代园林的艺术特色

（一）造园艺术，"师法自然"

"师法自然"，在造园艺术上包含两层内容。一是总体布局、组合要合乎自然。山与水的关系以及假山中峰、涧、坡、洞各景象因素的组合，要符合自然界山水生成的客观规律。二是每个山水景象要素的形象组合要合乎自然规律。如假山峰峦是由许多小的石料拼叠合成，叠砌时要仿天然岩石的纹脉，尽量减少人工拼叠的痕迹。水池常作自然曲折、高下起伏状。花木布置应是疏密相间，形态天然。乔灌木也错杂相间，追求天然野趣。

（二）分隔空间，融于自然

中国古代园林用种种办法来分隔空间，其中主要是用建筑来围蔽和分隔空间。分隔空间力求从视觉上突破园林实体的有限空间的局限性，使之融于自然，表现自然。为此，必须处理好形与神、景与情、意与境、虚与实、动与静、因与借、真与假、有限与无限、有法与无法等种种关系。如此，则把园内空间与自然空间融合和扩展开来。比如漏窗的运用，使空间流通、视觉流畅，因此隔而不绝，在空间上起互相渗透的作用。在漏窗内看，玲珑剔透的花饰、丰富多彩的图案，有浓厚的民族风味和美学价值；透过漏窗，竹树迷离摇曳，亭台楼阁时隐时现，远空蓝天白云飞游，造成幽深宽广的空间境界和意趣。

（三）园林建筑，顺应自然

中国古代园林中，有山有水，有堂、廊、亭、榭、楼、台、阁、馆、斋、舫、墙等建筑。人工的山，石纹、石洞、石阶、石峰等都显示自然的美色。人工的水，岸边曲折自如，水中波纹层层递进，也都显示自然的风光。所有建筑，其形与神都与天空、地下自然环境吻合，同时又使园内各部分自然相接，以使园林体现自然、淡泊、恬静、含蓄的艺术特色，并收到移步换景、渐入佳境、小中见大等观赏效果。

（四）树木花卉，表现自然

与西方系统园林不同，中国古代园林对树木花卉的处理与安设，讲究表现自然。松柏高耸入云，柳枝婀娜垂岸，桃花数里盛开……乃至于树枝弯曲自如，花朵迎面扑香……其形与神，其意与境都十分重在表现自然。

师法自然，融于自然，顺应自然，表现自然——这是中国古代园林体现"天人合一"民族文化所在，是中国古代园林独立于世界之林的最大特色，也是其永具艺术生命力的根本原因。

■ 欣赏、要点及提示

一、中国古代园林主要建筑

（一）厅堂

厅堂是待客与集会活动的场所，也是园林中的主体建筑。计成的《园冶》中有"凡园圃立基，定厅堂为主"，说的就是厅堂的位置确定后，全园的景色布局才依次衍生变化，造成各种各样的园林景致。厅堂一般坐北朝南。向南望，是全园最主要景观，通常是理池和造山所组成的山水景观，使主景处于阳光之中，光影多变，景色显得变幻无穷。厅堂建筑的体量较大，空间环境相对也开阔，在景区中，通常建于水面开阔处，临水一面多构筑平台，如北京园林大多临水筑台、台后建堂。这成为明清时代构园的传统手法，如拙政园的远香堂、留园的涵碧山房、狮子林的荷花厅、恰园的鸳鸯厅等，都采用此法布置厅堂。

（二）楼阁

楼阁是园林中的二类建筑，属较高层的建筑。一般如作房阁，须回环窈窕；如作藏书画，须爽皑高深；如供登眺，在视野中要有可赏之景。楼和阁体量处理要适宜，避免造成空间尺度的不和谐而损坏全园景观。阁，四周开窗，每层设围廊，有挑出乎座，以便眺望观景。

（三）书房馆斋

馆可供宴客之用，其体量有大有小，与厅堂稍有区别；大型的馆，如留园的五峰仙馆、林泉香石馆，实际上是主厅堂。斋供读书用，环境当隐蔽清幽，尽可能避开园林中主要游览路线，建筑式样较简朴，常附以小院，植芭蕉、梧桐等树木花卉，以创造一种清静、淡泊的情趣。

（四）榭

榭建于水边或花畔，借以成景。平面常为长方形，一般多开敞或设窗扇，以供人们游想、眺望。水榭则要三面临水。

（五）轩

轩是小巧玲珑、开敞精致的建筑物，室内简洁雅致，室外或可临水观鱼，或可品评花木，或可极目远眺。

（六）舫

舫是仿造舟船造型的建筑，常建于水际或池中。南方和岭南园林常在园中造舫，如南京煦园不系舟，是太平天国天王府的遗物，苏州拙政园的香洲是舫中佼佼者。大多将船的造型建筑化，在体量上模仿船头、船舱的形式，便于与周围环境和谐协调，也便于内部建筑空间的使用。

（七）亭

一种开敞的小型建筑物。东汉许慎的《说文》中有："亭，停也，人所停集也。"亭主要供人休憩观景，可眺望，可观赏，可休息，可娱乐。亭在造园艺术中的广泛应用，标志着园林建筑在空间上的突破。亭或立山巅，或枕清流，或临涧壑，或傍岩壁，或处平野，或藏幽林，空间上独立自在，布局上灵活多变。在建筑艺术上，亭集中了中国古代建筑最富民族形式的精华。按平面形状分，常见的有三角亭、方亭、短形亭、六角亭、八角亭、圆亭、扇面亭、梅花亭、套方亭。按屋顶形式分，有单檐亭、重檐亭、攒尖亭、盖顶亭、歇山亭。按所处位置分，有桥事、路亭、井亭、廊亭。凡有佳景处都可建亭，画龙点睛，为景色增添民族色彩和气质；即使无佳景，也可从平淡之中见精神，使园林更富有生气和活力。苏州沧浪园中的沧浪亭，拙政园中的松风亭、嘉实亭都是著名的亭。

（八）路与廊

路和廊在园林中不仅有交通的功能，更重要的是有观赏的作用，是中国园林中最富有可塑性与灵活性的建筑。蜿蜒曲折也好，高低起伏也好；曲折如游龙也好，高下如长虹也好，都是一种生动活泼颇具特色的民族建筑。它既可在交通上连通自如，将园林连通一气；又可让游人移步换景，仔细品味周围景色。它既可使游人于烈日之下免受曝晒之苦，又可使游人于风雨之中不遭吹淋之罪，在酷暑风雨之时，仍然可以观赏不同季节和气象时的园林美。廊，又有单席与复席之分。单廊曲折幽深，若在庭中，可观赏两边景物；若在庭边，可观赏一边景物，还有一边通常有碑石，还可以欣赏书法字画，领略历史文化。复廊是两条单席的复合，于中间分隔墙上开设众多花窗，两边可对视成景，既移步换形增添景色，又扩大了园林的空间。苏州沧浪亭的复廊最负盛名。

（九）桥

园林中的桥，一般采用拱桥、平桥、廊桥、曲桥等类型，有石制的，有竹制的，有木制的，十分富有民族特色。它不但有增添景色的作用，而且用以隔景，在视觉上产生扩大空间的作用。同时过了一桥又一桥，也颇增游客游兴。特别是南方园林和岭南类型园林，由于多湖泊河川，桥也较多。

（十）园墙

这是围合空间的构件。中国的园林都有围墙，且具民族特色，比如龙墙，蜿蜒起伏，犹如长龙围院，颇有气派。园中的建筑群又都采用院落式布局，园墙更是不可缺少的组成部分。如上海豫园，有五条龙墙，即伏卧龙、穿云龙（口下有金蟾）、双龙抢珠和睡眠龙，将豫园分割成若干院落。南北园林通常在园墙上设漏窗、洞门、空窗等，形成虚实对比和明暗对比的效果，并使墙面丰富多彩。漏窗的形式有方、横长、圆、六角形等。窗的花纹图案灵活多样，有几何形和自然形两种。园林中的院墙和走廊、亭榭等建筑物的墙上往往有不装门扇的门孔和不装窗扇的窗孔，分别称洞门和空窗。洞门除供人出入，空窗除采光通风外，在园林艺术上又常作为取景的画框，使人在游览过程中不断获得生动的画面。

二、皇家园林与私家园林的区别

自古以来，中国的园林艺术一直在世界处于领先地位，并且因其巧、宜、精、雅的鲜明特点，自然美与建筑美的高度融合，被誉为"世界园林之母"，但是皇家园林和私家园林还是存在一定的区别：

其一，就其经营者来说，皇家园林当然是由皇权集中者掌握，但是在其构思设计方面则由专人负责。而私家园林大都是封建文人、士大夫及地主经营的，他们能诗会画，善于品评，充溢着浓郁的书卷气，园林风格以清高风雅为最高追求。私家园林尽管是小本经营，但是他们更讲究自我设计、自我创新，更讲究细部的处理和建筑的玲珑精致。

其二，就其园林占地面积及建筑颜色来看，皇家园林建筑大气，规模宏大，占地面积广阔，以黄色和红色为主打，用以突出皇家的庄严肃穆、豪华富丽。而私家园林规模较小，一般只有几亩至十几亩，小的仅一亩半亩而已，房屋建筑色调以黑灰色为主，强调一种静谧典雅之感。

其三，就其园中水景来看，北方相对于南方而言，水资源匮乏，园林供水困难较多。以北京为例，除西北之外，几乎都缺少充足的水源，因而水池的面积都比较小，甚至采用"旱园"的做法。而南方私家园林则因其地理、气候优势有充沛的水资源，因此，园林中大多以水面为中心，四周散布建筑，构成一个个景点，几个景点围合而成景区，配合着湖面种植着些具有南方风情的花草树木，别有一番风味。

最后，就其园林建筑构思与设计而言，皇家园林的规划布局更为严苛缜密，中轴线、对景线运用较多，赋予园林以严谨、凝重的格调，特别是王府花园，园内的空间划分较少，因而整体性很强，当然也就不如江南私家园林的曲折多变了。而江南的私家园林的造园家的主要构思是"小中见大"，即在有限的范围内运用含蓄、扬抑、曲折、暗示等手法来启动人的主观再创造，曲折有致，造成一种似乎深邃不尽的景境，扩大人们对于实际空间的感受；在园景的处理上，善于在有限的空间内有较大的变化，巧于因借，巧妙地组成千变万化的景区和游览路线，利用借景的手法，使得盈尺之地俨然大地。在"山重水复疑无路"之时却又有"柳暗花明又一村"之感，使之产生"迂回不尽致，云水相忘之乐"。常用粉墙、花窗或长廊来分割园景空间，但又隔而不断，掩映有趣。通过画框似的一个个漏窗，形成不同的画面，变幻无穷，堂奥纵深，激发游人探幽的兴致。有虚有实，步移景换，主次分明，景多意深，其趣无穷。如苏州拙政园，园中心是远香堂，它的四面都是挺秀的窗格，像是画家的取景框，人们在堂内可以通过窗格观赏到不同的园景。远香堂的对面，绿叶掩映的山上，有雪香云蔚亭，亭的四周遍植腊梅；东隅，亭亭玉立的玉兰和鲜艳的桃花，点缀在亭台假山之间；望西，朱红栋梁的荷风四面亭，亭边柳条摇曳，春光月夜，倍觉雅静清幽。国内植物花卉品种繁多，植树栽花，富有情趣，建筑玲珑活泼，给人以轻松之感（图 3-72 ～图 3-86）。

图 3-72　沧浪亭一

图 3-73　沧浪亭二

图 3-74　狮子林二

图 3-75　狮子林三

图 3-76 狮子林四

图 3-77 狮子林五

图 3-78 留园二

图 3-79 留园三

图 3-80 个园一

图 3-81 个园二

图 3-82 豫园

图 3-83 何园一

图 3-84　何园二

图 3-85　清晖园一

图 3-86　清晖园二

课题十　中国乡土建筑

　　内容简介：中国古代的民居，不但数量多、质量高，而且种类也很多。由于中国各地区的自然环境和人文情况不同，各地民居也显现出多样化的面貌。中国的民居是我国传统建筑中的一个重要类型，是我国古代建筑中民间建筑体系的重要组成内容。

■ 建筑艺术欣赏

图 3-87　北京四合院

图 3-88　徽州民居

图 3-89　西北窑洞

图 3-90　山西民居

图 3-91　福建土楼

图 3-92　藏族碉房

图 3-93　蒙古包

■ 建筑范例

【范例分析】

一、北京四合院

北京四合院是北京传统民居形式，辽代时已初成规模，经金、元，至明、清，逐渐完善，最终成为北京最有特点的居住形式。所谓四合，"四"指东、西、南、北四面，"合"即四面房屋围在一起，形成一个"口"字形（图3-94）。经过数百年的营建，北京四合院从平面布局到内部结构、细部装修都形成了京师特有的京味风格。北京正规四合院一般依东西向的胡同而坐北朝南，基本形式是分居四面的北房（正房）、南房（倒座房）和东、西厢房，四周再围以高墙形成四合，开一个门。大门辟于宅院东南角"巽"位（图3-95、图3-96）。房间总数一般是北房3正2耳5间，东、西房各3间，南屋不算大门4间，连大门洞、垂花门共17间。如以每间 $11 \sim 12 \ m^2$ 计算，全部面积约200 m^2。四合院中间是庭院，院落宽敞，庭院中植树栽花，备缸饲养金鱼，是四合院布局的中心，也是人们穿行、采光、通风、纳凉、休息、家务劳动的场所。

四合院虽有一定的规制，但规模大小却有不等，大致可分为大四合、中四合、小四合3种。小四合院一般是北房3间，一明两暗或者两明一暗，东西厢房各2间，南房3间。卧砖到顶，起脊瓦房。可居一家三辈，祖辈居正房，晚辈居厢房，南房用作书房或客厅。

院内铺砖墁甬道，连接各处房门，各屋前均有台阶。大门两扇，黑漆油饰，门上有黄铜门钹一对，两则贴有对联。中四合院比小四合院宽敞，一般是北房5间，3正2耳，东、西厢房各3间，房前有廊以避风雨。另以院墙隔为前院（外院）、后院（内院），院墙以月亮门相通。前院进深浅显，以一二间房屋以作门房，后院为居住房，建筑讲究，层内方砖墁地，青石作阶（图3-97）。大四合院习惯上称作"大宅门"，房屋设置可为5南5北、7南7北，甚至还有9间或者11间大正房，一般是复式四合院，即由多个四合院向纵深相连而成。院落极多，有前院、后院、东院、西院、正院、偏院、跨院、书房院、围房院、马号、一进、二进、三进……，院内均有抄手游廊连接各处，占地面积极大。如果可供建筑的地面狭小，或者经济能力无法承受的话，四合院又可改盖为三合院，不建南房。中型和小型四合院一般是普通居民的住所，大四合院则是府邸、官衙用房。北京四合院属砖木结构建筑，房架子檩、柱、梁（柁）、槛、椽以及门窗、隔扇等均为木制，木制房架子周围则以砖砌墙。梁柱门窗及檐口椽头都要油漆彩画，虽然没有宫廷苑囿那样金碧辉煌，但也是色彩缤纷。墙习惯用磨砖、碎砖垒墙，所谓"北京城有三宝……烂砖头垒墙墙不倒"。屋瓦大多用青板瓦，正反互扣，檐前装滴水，或者不铺瓦，全用青灰抹顶，称"灰棚"。

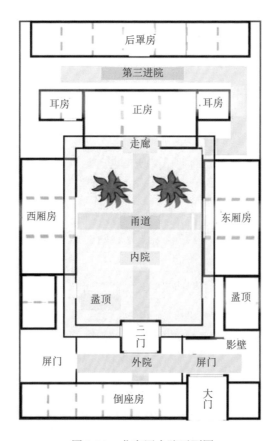

图 3-94　北京四合院平面图

图 3-95 北京四合院示意图

图 3-96 北京四合院入口

图 3-97 北京四合院内院

二、西北窑洞

窑洞是中国西北黄土高原上居民的古老居住形式，这一"穴居式"民居的历史可以追溯到四千多年前。窑洞建筑最大的特点就是冬暖夏凉，传统的窑洞空间从外观上看是圆拱形，虽然很普通，但是在单调的黄土为背景的情况下，圆弧形更显得轻巧而活泼，这种源自自然的形式，不仅体现了传统思想里天圆地方的理念，同时更重要的是门洞处高高的圆拱加上高窗，在冬天的时候可以使阳光进一步深入到窑洞的内侧，从而可以充分地利用太阳辐射，而内部空间也因为是拱形的，加大了内部的竖向空间，使人们感觉开敞舒适。刘加平先生曾经这样评价窑洞建筑：窑洞冬暖夏凉，住着舒适，节能，同时传统的空间又渗透着与自然的和谐，朴素的外观在建筑美学上也是别具匠心。窑洞一般有靠崖式、下沉式、独立式等形式，其中靠山窑应用较多，它是建筑在山坡土原边缘处，常依山向上呈现数级台阶式分布，下层窑顶为上层前庭，视野开阔。下沉式窑洞则是就地挖一个方形地坑，再在内壁挖窑洞，形成一个地下四合院。窑洞形式如图 3-98～图 3-100 所示。

图 3-98　　西北窑洞一

图 3-99　　西北窑洞二

图 3-100　　西北窑洞三

■ 相关知识

一、徽州民居

　　徽州民居（图 3-101～图 3-102），指徽州地区的具有徽州传统风格的民居，也称徽派民居，是实用性与艺术性的完美统一。他们利用徽州山地"高低向背异、阴晴众壑殊"的环境，以阴阳五行为指导，千方百计去选择风水宝地选址建村，以求上天赐福，衣食充盈，子孙昌盛。徽派建筑是中国古建筑最重要的流派之一，它的工艺特征和造型风格主要体现在民居、祠庙、牌坊和园林等建筑实物中。

　　徽派建筑集徽州山川风景之灵气，融风俗文化之精华，风格独特，结构严谨，雕镂精湛，不论是村镇规划构思，还是平面及空间处理、建筑雕刻艺术的综合运用都充分体现了鲜明的地方特色。尤以民居、祠堂和牌坊最为典型，被誉为"徽州古建三绝"，为中外建筑界所重视和叹服。它在总体布局上，依山就势，构思精巧，自然得体；在平面布局上规模灵活，变幻无穷；在空间结构和利用上，造型丰富，讲究韵律美，以马头墙、小青瓦最有特色；在建筑雕刻艺术的综合运用上，融石雕、木雕、砖雕为一体，显得富丽堂皇。

图 3-101　徽州民居一

图 3-102　徽州民居二

二、福建土楼

福建土楼（图 3-103），包括闽南土楼和一部分客家土楼，总数三千余处。通常是指闽西南独有的利用不加工的生土，夯筑承重生土墙壁所构成的群居和防卫合一的大型楼房，形如天外飞碟，散布在青山绿水之间。主要分布地区在中国福建西南山区，客家人和闽南人聚居的福建、江西、广东三省交界地带，包括以闽南人为主的漳州市，闽南人与客家人参半的龙岩市。福建土楼是世界独一无二的大型民居形式，被称为中国传统民居的瑰宝。从外部环境来看，土楼注重选择向阳避风、临水近路的地方作为楼址，以利于生活、生产。楼址大多坐北朝南，左有流水，右有道路，前有池塘，后有丘陵；楼址忌逆势，忌坐南朝北，忌前高后低，忌正对山坑（以免冲射）；楼址后山较高，则楼建得高一些或离山稍远一些，既可避风防潮，又能使楼、山配置和谐。除依据上述 3 个方面选择楼址外，又善于利用斜坡、台地等特殊地段构筑形式多样的土楼，乃至发展为参差错落、层次分明、蔚为壮观、颇具山区建筑特色的土楼群，有如南靖书洋镇、田螺坑土楼群。　这些讲究，无疑与地质地理学、生态学、景观学、建筑学、伦理学、美学都有密切关系，换言之，与中原传统文化有密切关系。

从土楼建筑本身来看，南靖客家土楼的布局绝大多数具备以下 3 个特点：

（1）中轴线鲜明，殿堂式围屋、五凤楼、府第式方楼、方形楼等尤为突出。厅堂、主楼、大门都建在中轴线上，横屋和附属建筑分布在左右两侧，整体两边对称极为严格。圆楼亦相同，大门、中心大厅、后厅都置于中轴线上。

（2）以厅堂为核心。楼楼有厅堂，且有主厅。以厅堂为中心组织院落，以院落为中心进行群体组合。即使是圆楼，主厅的位置亦十分突出。

（3）廊道贯通全楼，可谓四通八达。但类似集庆楼这样的小单元式、各户自成一体、互不相通的土楼在南靖乃至客家地区为数极个别。

图 3-103　福建土楼

三、藏族碉房

碉房是中国西南部的青藏高原以及内蒙古部分地区常见的居住建筑形式。从《后汉书》的记载来看，在汉元鼎六年（公元前 111 年）以前就有存在。这是一种用乱石垒砌或土筑的房屋，高有 3 至 4 层。因外观很像碉堡，故称为碉房，碉房的名称至少可以追溯到清代乾隆年间（1736 年）。藏族主要分布在西藏、青海、甘肃及四川西部一带，为了适应青藏高原上的气候和环境，传统藏族民居大多采用石构，形如碉堡，所以被称为"碉房"（图 3-104～图 3-105）。

碉房一般有 3～4 层。底层养牲口和堆放饲料、杂物；二层布置卧室、厨房等；三层设有经堂。由于藏族信仰藏传佛教，诵经拜佛的经堂占有重要位置，神位上方不能住人或堆放杂物，所以经堂都设在房屋的顶层。为了扩大室内空间，二层常挑出墙外，轻巧的挑楼与厚重的石砌墙体形成鲜明的对比，建筑外形因此富于变化。

藏族民居色彩朴素协调，基本采用材料的本色：泥土的土黄色，石块的米黄、青色、暗红色，木料部分则涂上暗红，与明亮色调的墙面屋顶形成对比。粗石垒造的墙面上有成排的上大下小的梯形窗洞，窗洞上带有彩色的出檐。在高原上的蓝天白云、雪山冰川的映衬下，座座碉房造型严整而色彩富丽，风格粗犷而凝重。

图 3-104　藏族碉房一

图 3-105　藏族碉房二

四、新疆阿以旺

新疆维吾尔自治区地处我国西北，地域辽阔，是多民族聚居的地区，其中以维吾尔族为主，人口约占全区的三分之二。新疆属大陆性气候，气温变化剧烈，昼夜温差很大，素有"早穿皮袄午穿纱，晚围火炉吃西瓜"的说法。再加有七个民族的居民信奉伊斯兰教，新疆是我国信奉伊斯兰教的民族最多的地方。所以，这里的建筑必然会受到当地文化的深刻影响，形成鲜明的地方特色和民族特色。维吾尔族的传统民居以土坯建筑为主，多为带有地下室的单层或双层拱式平顶，农家还用土坯块砌成晾制葡萄干的镂空花墙的晾房。住宅一般分前后院，后院是饲养牲畜和积肥的场地，前院为生活起居的主要空间，院中引进渠水，栽植葡萄和杏等果木，葡萄架既可蔽日纳凉，又可为市场提供丰盛的鲜葡萄和葡萄干，从而获得良好的经济效益。院内有用土块砌成的拱式小梯通至屋顶，梯下可存物，空间很紧凑。

阿以旺是新疆维吾尔族住宅的常见一种建筑民居形式，已经有三四百年的历史（图3-106～图3-108）。所谓"阿以旺"即是一种带有天窗的夏室（大厅）。这种房屋连成一片，庭院在四周。带天窗的前室称阿以旺，又称"夏室"，有起居、会客等多种用途。后室称"冬室"，是卧室，通常不开窗。住宅的平面布局灵活，室内设多处壁龛，墙面大量使用石膏雕饰。

图3-106　新疆阿以旺

图3-107　新疆阿以旺局部

图3-108　新疆阿以旺内景

五、蒙古包

　　蒙古包是对蒙古族牧民住房的称呼（图 3-109）。"包"是"家"、"屋"的意思。蒙古等民族传统的住房，古称穹庐，又称毡帐、帐幕、毡包等。蒙古语称格儿，满语为蒙古包或蒙古博。游牧民族为适应游牧生活而创造的这种居所，易于拆装，便于游牧。自匈奴时代起就已出现，一直沿用至今。蒙古包呈圆形，四周侧壁分成数块，每块高 130～160 cm、长 230 cm 左右，用条木编成网状，几块连接，围成圆形，上盖伞骨状圆顶，与侧壁连接。帐顶及四壁覆盖或围以毛毡，用绳索固定。西南壁上留一木框，用以安装门板，帐顶留一圆形天窗，以便采光、通风，排放炊烟，夜间或风雨雪天覆以毡。蒙古包最小的直径为 300 多厘米，大的可容数百人。蒙古汗国时代可汗及诸王的帐幕可容 2000 人。蒙古包分固定式和游动式两种。半农半牧区多建固定式，周围砌土壁，上用苇草搭盖；游牧区多为游动式。游动式又分为可拆卸和不可拆卸两种，前者以牲畜驮运，后者以牛车或马车拉运。中华人民共和国建立后，蒙古族定居者增多，仅在游牧区尚保留蒙古包，即蒙古人所称的"格尔斯"。自从有蒙古族以来，人们就开始使用蒙古包，这已经有很长时间了。但究竟是何时开始使用的，无人知道确切的时间。蒙古包成为蒙古人的日常居所。大多数蒙古人是游牧部落，终年赶他们的山羊、绵羊、牦牛、马和骆驼寻找新的牧场。蒙古包可以打点成行装，由几头双峰骆驼驮着，运到下一个落脚点，再重新搭起蒙古包。

图 3-109　蒙古包

■ 欣赏要点及提示

　　中国各地的居住建筑，又称民居。由于中国各地区的自然环境和人文情况不同，各地民居也显现出多样化的面貌。中国的民居是我国传统建筑中的一个重要类型，是我国古代建筑中民间建筑体系中的重要组成内容。中国汉族地区传统民居的主流是规整式住宅，以采取中轴对称方式布局的北京四合院为典型代表。

中华民族是一个历史悠久、民族众多和幅员广大的国家，在几千年的历史文化进程中积累了丰富多彩的民居建筑的经验，在漫长的农业社会中，生产力的水平比较落后，人们为了获得比较理想的栖息环境，以朴素的生态观，顺应自然和以最简便的手法创造了宜人的居住环境。中国民居结合自然、结合气候、因地制宜，具有丰富的心理效应和超凡的审美意境。 中国各地的居住建筑是最基本的建筑类型，出现最早，分布最广，数量最多。由于中国各地区的自然环境和人文情况不同，各地民居也显现出多样化的面貌。

模块四

功能与形式的思考
——探索新建筑

　　近 200 多年，世界各主要资本主义国家先后经历了资本积累、自由竞争而进入了资本垄断阶段，为了适应社会发展的需要，西方国家创造了完全不同于封建社会时期的建筑。建筑的数量、类型与规模飞快发展，形成了与古典建筑截然不同的建筑艺术风格。

课题十一　现代建筑的起源

> 内容简介：现代主义建筑起源期是传统建筑和现代主义建筑之间不可或缺的过渡，是建筑发展的重要阶段，为建筑的进步作出了重要贡献，具有重要的历史意义和研究价值。现代主义建筑起源期形成了与之前的建筑完全不同的技术观念、功能主义建筑思想、新建筑时空观念等特征，这些基本特征也为现代主义建筑所继承，成为现代主义建筑的基本特征。

任务一　工业革命的影响

■ **建筑艺术欣赏**

图 4-1　埃菲尔铁塔　　　　　　　　　　图 4-2　水晶宫

■ **建筑范例**

【范例分析】

　　埃菲尔铁塔从1887年起建，分为三楼，分别在离地面57.6 m、115.7 m和276.1 m处，其中一、二楼设有餐厅，第三楼建有观景台，从塔座到塔顶共有1711级阶梯，共用去钢铁7000 t，12000个金属部件，259万只铆钉，极为壮观华丽。埃菲尔铁塔屹立在巴黎市中心的塞纳河畔，高320多米，相当于100层楼高。4个塔墩由水泥浇灌，塔身全部是钢铁镂空结构，共有1万多个金属部件，用几百万个铆钉连接起来。埃菲尔铁塔是世界上第一座钢铁结构的高塔，就建筑高度来说，当时是独一无二的。1884年，为了迎接世界博览会在巴黎举行和纪念法国大革命100周年，法国政府决定修建一座永久性纪念建筑。经过反复评选，居斯塔夫·埃菲尔设计的铁塔被选中，建成后铁塔就以埃菲尔的名字命名。埃菲尔的设计非常高明，在两年多的施工过程中，从未发生过任何伤亡事故；

在组装部件时，钻孔都很准确地和上，这在建筑史上是很了不起的。铁塔共有 4 层，每层有一个平台，在铁塔塔顶可以观赏巴黎全城迷人的景色。埃菲尔铁塔如图 4-1 所示。

■ 相关知识

伦敦水晶宫

伦敦水晶宫是英国工业革命时期的代表性建筑。建筑面积约 74000 m^2，宽 408 英尺（约124.4 m），长 1851 英尺（约 564 m），共 5 垮，高三层，由英国园艺师 J.帕克斯顿按照当时建造的植物园温室和铁路站棚的方式设计，大部分为铁结构，外墙和屋面均为玻璃，整个建筑通体透明，宽敞明亮，故被誉为"水晶宫"。"水晶宫"共用去铁柱 3300 根，铁梁 2300 根，玻璃 9.3×10^4 m^2，从 1850 年 8 月至 1851 年 5 月，总共施工不到九个月时间。1852～1854 年，水晶宫被移至肯特郡的塞登哈姆，重新组装时，将中央通廊部分原来的阶梯形改为筒形拱顶，与原来纵向拱顶一起组成了交叉拱顶的外形。1936 年 11 月 30日晚这座名震一时的建筑毁于一场大火，残垣断壁一直保留到 1941 年（图 4-2）。

■ 欣赏要点及提示

钢和玻璃对现代建筑发展的影响

工业革命对于现代建筑来说，最大的影响是为现代建筑提供了新建造技术和新建筑材料。提及现代建筑，就不能不谈到钢铁和玻璃，这两种材料是现代建筑的最重要的组成部分，也是影响现代建筑发展的最大因素。钢铁和玻璃在现代建筑中起着至关重要的作用。牛津大学博物馆就是现代建筑的一个范例。

任务二　新建筑运动

■ 建筑艺术欣赏

图 4-3　莫里斯住宅

图 4-4　圣家族大教堂

图 4-5 米拉公寓

图 4-6 分离派展览大楼

■ 建筑范例

【范例分析】

工艺美术运动

工艺美术运动是 19 世纪下半叶起源于英国的一场设计改良运动。这场运动的理论指导是约翰•拉斯金，运动主要人物是艺术家、诗人威廉•莫里斯。在美国，"工艺美术运动"对芝加哥建筑学派产生较大影响，特别是其代表人物之一路易斯•沙里文受到运动影响很大。同时工艺美术运动还广泛影响了欧洲大陆的部分国家。工艺美术运动是当时对工业化的巨大反思，并为之后的设计运动奠定了基础。这场运动是针对家具、室内产品、建筑等工业批量生产所导致的设计水准下降的局面，开始探索从自然形态中吸取借鉴，从日本装饰（浮世绘等）和设计中找到改革的参考，来重新提高设计的品位，恢复英国传统设计的水准，因此称为工艺美术运动。工艺美术运动的特点是：

1. 强调手工艺生产，反对机械化生产。

2. 在装饰上反对矫揉造作的维多利亚风格和其他各种古典风格。

3. 提倡哥特风格和其他中世纪风格，讲究简单、朴实、风格良好。

4. 主张设计诚实，反对风格上华而不实。

5. 提倡自然主义风格和东方风格。

工艺美术运动的根源是当时艺术家们无法解决工业化带来的问题，企图逃避现实，隐退到中世纪哥特时期。运动否定了大工业化与机械生产，导致它没有可能成为领导潮流的主要风格。从意识形态来看，它是消极的，但是它却给后来设计家提供了参考，对"新艺术运动"有着深远的影响。在工业化的残酷现实面前，艺术家们感到无能为力，他们憧憬着中世纪的浪漫，或者幻想中世纪的浪漫情调，因此，企望通过艺术与设计来逃避现实，退隐到他们理想中的桃花源——中世纪的浪漫之中去，逃逸到他们理想化了的中世纪、哥特时期去。这正是 19 世纪英国与其他欧洲国家产生"工艺美术"运动的根源。从意识形态上来看，这场运动是消极的，也绝对不可能有出路的。因为它是在轰轰烈烈的大工业革命之中，企图逃避革命洪流的一个知识分子的乌托邦幻想而已。但是，由于它的产生，却给后来的设计家们提供了新的设计风格参考，提供了与以往所有设计运动不同的新的尝试典范。因此，这场运动虽然短暂，但在设计史上依然是非常重要的、值得认真研究的。

■ 相关知识

新艺术运动

在 1880 年代，新艺术运动只是被简单地称为现代风格，就像洛可可风格在它那个时代的称呼一样。另一方面，很多小范围团体的互相聚集，稍微改良了当时矫饰的流行风格，形成 20 世纪现代主义的前奏。其中包括因时髦的先锋派期刊《青年》而得名的德国青年风格以及维也纳的维也纳分离派运动，那里的高瞻远瞩的艺术家和设计师脱离主流的（一年一度在巴黎举行的）沙龙画展，而把风格一致的作品集合在一起展览。这种风格中最重要的特性就是充满有活力、波浪形和流动的线条，像是使传统的装饰充满了活力，表现形式也像是从植物生长出来。作为一种艺术运动，它与前拉菲尔派和象征主义的画家具有某些密切的关系，就像某些名人如奥伯利·比亚兹莱。可以把阿尔丰斯·穆卡、爱德华·伯纳－琼斯、古斯塔夫·克里姆特和让·图洛普归入多于一种风格中。不像象征主义画家，无论如何，新艺术运动具有一个自己的特殊形象，而且不像保守的拉菲尔前派，新艺术运动没有躲避使用新材料、使用机器制造外观和抽象的纯设计服务。

■ 欣赏要点及提示

新建筑形象的产生和发展是适应社会发展的结果。在古典建筑风格向现代建筑风格过渡的时期，最重要的外在条件便是工业革命带来的社会需求与钢铁、玻璃等现代建筑材料的物质保障，这三者不仅使现代建筑的出现成为必然，还是推动其快速发展的主要动力。

芝加哥学派对现代主义建筑的影响

芝加哥学派是美国最早的建筑流派，是现代建筑在美国的奠基者。芝加哥学派突出功能在建筑设计中的主要地位，明确提出形式服从功能的观点，力求摆脱折中主义的羁绊，探讨新技术在高层建筑中的应用，强调建筑艺术反映新技术的特点，主张简洁的立面以符合时代工业化的精神。芝加哥学派的鼎盛时期是 1883～1893 年之间，它在建筑造型方面的重要贡献是创造了"芝加哥窗"，即整开间开大玻璃，以形成立面简洁的独特风格。在工程技术上的重要贡献是创造了高层金属框架结构和箱形基础。

工程师詹尼是芝加哥学派的创始人，他于 1879 年设计建造了第一拉埃特大厦。1885年他完成的"家庭保险公司"十层办公楼，标志芝加哥学派的真正开始，这是第一座钢铁框架结构。沙利文是芝加哥学派的一个得力支柱，他提倡的"形式服从功能"为功能主义建筑开辟了道路。

沙利文主持设计的芝加哥 CPS 百货公司大楼描述了"高层、铁框架、横向大窗、简单立面"等建筑特点，立面采用三段式：底层和二层为功能相似的一层，上面各层办公室为一层，顶部设备层。以芝加哥窗为主的网络式立面反映了结构功能的特点。芝加哥 CPS 是芝加哥建筑学派中有力的代表作。

课题十二 现代建筑派与代表人物

内容简介：现代主义建筑的起源是一个复杂的过程，许多问题的根源可以追溯到更早的年代，但是建筑思想和风格的主要转变都发生在 19 世纪末 20 世纪初。这一时期是现代主义建筑的准备时期和过渡时期，是从传统建筑向现代主义建筑过渡的重要发展阶段，现代主义建筑的若干基本特征都在起源期形成。这一时期产生了多种不同倾向的建筑思想、风格和流派，反映了先驱者艰辛的探索历程，这些先驱者经过多年研究和实践后终于找到了现代建筑发展的正确方向。

任务一 现代主义起源与流派

■ 建筑艺术欣赏

图 4-7 马赛公寓

图 4-8　昌迪加尔行政中心

图 4-9　耶鲁大学建筑与艺术馆

图 4-10　哈佛大学研究生中心

图 4-11　哈佛科学中心

■ 建筑范例

【范例分析】

粗野主义

粗野主义又称蛮横主义或粗犷主义，是建筑流派的一种，可归入现代主义建筑流派当中。主要流行的时间介于 1953 年到 1967 年之间，由功能主义发展而来。其建筑特色是从不修边幅的钢筋混凝土（或其他材料）的毛糙、沉重、粗野感中寻求形式上的出路。该名称是由英国的史密森夫妇起的，他们于 1949～1954 年设计建造的英国洪斯坦顿高级中学，成为粗野主义的第一个代表作品。其设计手法追随密斯·凡得罗，但是在材料的使用与生产的强调方面，则有明显的差异，电气管道、卫生管道和其他设备装置都裸露在外。勒·柯布西耶是粗野主义最著名的代表人物，代表作品有巴黎马赛公寓和印度昌迪加尔法院。这些建筑用当时还少见的混凝土预制板直接相接，没有修饰，预制板没有打磨，甚至包括安装模板的销钉痕迹也还在。受粗野主义影响的还有英国的詹姆斯·斯特林爵士（莱汉姆住宅）、美国的保罗·鲁道夫（耶鲁大学建筑系馆）、美国的路易·康 （李查医学研究中心）、德国的哥特弗烈德·波姆、日本的前川国男（京都文化会馆、东京文化会馆）及其学生丹下健三（山梨县文化会馆）等人。

■ 相关知识

典雅主义

典雅主义亦译"形式美主义"，又称"新古典主义"、"新帕拉蒂奥主义"、"新复古主义"，是二次世界大战后美国官方建筑的主要思潮。它吸取古典建筑传统构图手法，比例工整严谨，造型简练轻快，偶有花饰，但不拘于程式；以传神代替形似，是战后新古典区别于 20 世纪 30 年代古典手法的标志；建筑风格庄重精美，通过运用传统美学法则来使现代的材料与结构产生规整、端庄、典雅的安定感。典雅主义发展的后期出现两种倾向：一是趋于历史主义，另一是着重表现纯形式与技术特征。典雅主义主要代表人物有：美国建筑师菲利普·约翰逊、斯东和雅马萨基。斯东设计的美国在新德里的大使馆于 1961 年获美国 AIA 建筑奖，是典雅主义代表作。

■ 欣赏要点及提示

现代主义建筑是指 20 世纪中叶在西方建筑界居主导地位的一种建筑思想。这种建筑的代表人物主张：建筑师要摆脱传统建筑形式的束缚，大胆创造适应于工业化社会的条件、要求的崭新建筑，因此具有鲜明的理性主义和激进主义的色彩，又称为现代派建筑。

任务二 现代主义的代表人物

■ 建筑艺术欣赏

图 4-12 包豪斯学校

图 4-13　　流水别墅

图 4-14　　范斯沃斯住宅

图 4-15　　萨伏伊别墅

图 4-16 朗香教堂

■ 建筑范例

【范例分析】

包豪斯与现代建筑

　　包豪斯，是德国魏玛市的 "公立包豪斯学校"的简称，后改称"设计学院"，习惯上仍沿称"包豪斯"（图4-12）。在两德统一后位于魏玛的设计学院更名为魏玛包豪斯大学。他的成立标志着现代设计的诞生，对世界现代设计的发展产生了深远的影响，包豪斯也是世界上第一所完全为发展现代设计教育而建立的学院。

　　包豪斯的崇高理想和远大目标可以从包豪斯宣言中得到体现。宣言最先提出将"艺术与技术相结合"的口号，"完整的建筑物是视觉艺术的最终目标。艺术家最崇高的职责是美化建筑。今天，他们各自孤立地生存着，只有通过自觉，并和所有工艺技师共同奋斗，才能得以自救。建筑家、画家和雕塑家必须重新认识，一幢建筑是各种美感共同组合的实体。只有这样，他的作品才可能灌注入建筑的精神，以免迷失流落为'沙龙艺术'……建筑家、雕刻家和画家们，我们都应该转向应用艺术……艺术不是一种专门职业。艺术家和工艺技师之间根本没有任何区别。艺术家只是一个得意忘形的工艺技师。在灵感出现并超出个人意志的珍贵片刻，上苍的恩赐使他的作品变成为艺术的花朵。然而，工艺技术的熟练对于每一个艺术家来说都是不可缺少的。真正创造想象力的根源即建立在这个基础上面。"

■ 相关知识

一、赖特的有机建筑理念

弗兰克·劳埃德·赖特（图4-17）是美国的一位最重要的建筑师，在世界上享有盛誉。他设计的许多建筑受到普遍的赞扬，是现代建筑中有价值的瑰宝。赖特对现代建筑有很大的影响，但是他的建筑思想和欧洲新建运动的代表人物有明显的差别，他走的是一条独特的道路。

赖特从小就生长在威斯康星峡谷的大自然环境之中，在农场赖特过起了日出而居、日落而息的生活。在向大自然索取的艰苦劳动中了解了土地，感悟到蕴藏在四季之中的神秘的力量和潜在的生命流，体会到了自然固有的旋律和节奏。赖特认为住宅不仅要合理安排卧室、起居室、餐厨、

图4-17　　[美]弗兰克·劳埃德·赖特

浴厕和书房，使之便利日常生活，而且更重要的是增强家庭的内聚力。他的这一认识使他在新的住宅设计中把火炉置于住宅的核心位置，使它成为必不可少但又十分自然的场所。

有机建筑：建筑的结构、材料、建筑的方法融为一体，合成一个为人类服务的有机整体。有机设计其实就是指的这个综合性、功能主义的含义。有机建筑提出六个原则，即：（1）简练应该是艺术性的检验标准；（2）建筑设计应该风格多种多样，好像人类一样；（3）建筑应该与它的环境协调，他说："一个建筑应该看起来是从那里成长出来的，并且与周围的环境和谐一致。"（4）建筑的色彩应该和它所在的环境一致，也就是说从环境中采取建筑色彩因素；（5）建筑材料本质的表达；（6）建筑中精神的统一和完整性。有机建筑的观点并不是呆板的，而是充满了灵活性的方法。赖特曾经表示喜好用钢筋混凝土仿照植物的结构来设计建筑，结构中间是一个树干，深埋在地下，每层楼好像是在树干上长出来一样，层层加上，阳光从上至下穿过天窗进入室内，造成自然照明的感觉，日光与月光都有类似的效果。赖特称这为有机建筑。

二、密斯风格风靡全球

密斯·凡·德罗（1886年3月27日～1969年8月17日）（图4-18），德国人，是20世纪中期世界上最著名的四位现代建筑大师之一，与赖特、勒·柯布西耶、格罗皮乌斯齐名。密斯坚持"少就是多"的建筑设计哲学，在处理手法上主张流动空间的新概念。

密斯·凡·德罗的贡献在于通过对钢框架结构和玻璃在建筑中应用的探索，发展了一种具有古典式的均衡和极端简洁的风格。其作品特点是整洁和骨架露明的外观，灵活多变的流动空间以及简练而制作精致的细部。他早期的工作展示了他对玻璃窗体的大量运用，这使之成为其成功的

图4-18　[德]密斯·凡·德罗

标志。密斯从事建筑设计的思路是通过建筑系统来实现的，而正是这种建筑结构把他带到建筑前沿。同时，他提倡把玻璃、石头、水以及钢材等物质加入建筑行业的观点也经常在他的设计中得以运用。密斯·凡·德罗运用直线特征的风格进行设计，但在很大程度上视结构和技术而定。在公共建筑和博物馆等建筑的设计中，他采用对称、正面描绘以及侧面描绘等方法进行设计；而对于居民住宅等，则主要选用不对称、流动性以及连锁等方法进行设计。

密斯在很大程度上相当重视细节，用他的话说"细节就是上帝"，这归功于他父亲对其技术的教导。虽然他从未经过正规的建筑学习，但他很小随其父学石工，对材料的性质和施工技艺有所认识，又通过绘制装饰大样掌握了绘图技巧。同时，他用极为大胆、简单和完美的手法进行设计，将建筑学的完整与结构的朴实完美地结合在一起。密斯并不是特别关注装饰原料的选择，但是他特别注意室内架构的稳固性。像弗兰克·劳埃德·赖特、勒·柯布西耶一样，密斯也特别重视将自然环境、人性化与建筑融合在一个共同的单元里面。由他所设计的郊外别墅、展厅、工厂、博物馆以及纪念碑等建筑均体现了这一点。与此同时，密斯也重新定义了墙壁、窗口、圆柱、桥墩、壁柱、拱腹以及棚架等方面的设计理念。

密斯建立了一种当代大众化的建筑学标准，他的建筑理念现在已经扬名全世界。作为钢铁和玻璃建筑结构之父，密斯提出"少就是多"（less is more）的理念，这集中反映了他的建筑观点和艺术特色，也影响了全世界。密斯在很多领域中都起了相当的作用，他在自传中说道："我不想很精彩，只想更好！"在芝加哥伊利诺工学院工作之际，由他设计的湖滨公寓充分展示了他在科技时代的建筑天才。直到1969年去世，密斯一直孤身呆在芝加哥公寓里从事设计工作。

三、柯布西耶的个性设计

勒·柯布西耶（图4-19），法国建筑师、都市计划家、作家、画家，是20世纪最重要的建筑师之一，是现代建筑运动的激进分子和主将，被称为"现代建筑的旗手"。他和瓦尔特·格罗皮乌斯、密斯·凡·德罗并称为现代建筑派或国际形式建筑派的主要代表。

勒·柯布西耶是一名想象力丰富的建筑师，他对理想城市的诠释、对自然环境的领悟以及对传统的强烈信仰和崇敬都相

图4-19　　[法]勒·柯布西耶

当别具一格。作为一名具有国际影响力的建筑师和城市规划师，他是善于应用大众风格的稀有人才——他能将时尚的滚动元素与粗略、精致等因子进行完美的结合。

1926年柯布西耶就自己的住宅设计提出了著名的"新建筑五点"，它们是：

1. 底层架空：主要层离开地面，独特支柱使一楼挑空。

2. 屋顶花园：将花园移往视野最广、湿度最少的屋顶。

3. 自由平面：各层墙壁位置端看空间的需求来决定即可。

4. 横向的长窗：大面开窗，可得到良好的视野。

5. 自由立面：由立面来看各个楼层像是个别存在的，楼层间不互相影响。

照"新建筑五点"的要求设计的住宅都是由于采用框架结构，墙体不再承重以后产生的建筑特点。勒·柯布西耶充分发挥这些特点，在20世纪20年代设计了一些同传统的建筑完全异趣的住宅建筑。萨伏伊别墅是一个著名的代表作。柯布西耶的建筑设计充分发挥了框架结构的特点，由于墙体不再承重，可以设计大的横向长窗，他的有些设计当时不被人们接受，许多设计被否决，但这些结构和设计形式在以后被其他建筑师推广应用，如逐层退后的公寓、悬索结构的展览馆等，他在建筑设计的许多方面都是一位先行者，对现代建筑设计产生了非常广泛的影响。

四、阿尔托浪漫主义的乡土建筑

阿尔瓦·阿尔托（图4-20）是芬兰现代建筑师，人情化建筑理论的倡导者，同时也是一位设计大师及艺术家。 阿尔瓦·阿尔托是现代建筑的重要奠基人之一，也是现代城市规划、工业产品设计的代表人物。他在国际上的声誉与四位大师一样高，而他在建筑与环境的关系、建筑形式与人的心理感受的关系这些方面都取得了其他人所没有的突破，是现代建筑史上举足轻重的大师。

阿尔托于1898年2月3日生于芬兰的库奥尔塔内小镇，1916年至1921年在赫尔辛基工业专科学校建筑学专业学习。随

图4-20   [芬兰]阿尔瓦·阿尔托

后两年，他作为一名展示设计师工作并在中欧、意大利及斯堪的纳维亚地区旅行。1923年起，阿尔托先后在芬兰的于韦斯屈莱市和土尔库市创办自己的建筑事务所。大约在1924年，他为学校设计了几家咖啡馆和学生中心，并为学生设计成套的寝室家具，主要运用"新古典主义"的设计风格。同年，他与设计师阿诺·玛赛奥结婚，共同进行长达5年的木材弯曲实验，而这项研究导致了阿尔瓦·阿尔托20世纪30年代革命性家具设计——悬臂木椅的产生。

阿尔托于1928年参加国际现代建筑协会。1929年，按照新兴的功能主义建筑思想同他人合作设计了为纪念土尔库建城700周年而举办的展览会的建筑。他抛弃传统风格的一切装饰,使现代主义建筑首次出现在斯堪的纳维亚地区,推动了芬兰现代建筑的发展。他最著名的建筑包括他在土尔库的家（被认为是第一个斯堪的纳维亚地区现代主义建筑,1927年建成），维堡卫普里图书馆，帕伊米奥肺结核疗养院以及为1939年纽约世界商业博览会设计的芬兰馆。第二次世界大战后的头10年，阿尔托主要从事祖国的恢复和建设工作，为拉普兰省省会制订区域规划（1950～1957年）。

在帕伊米奥肺结核病疗养院，阿尔托最初设计的现代化家具也在那里亮相，这是阿尔托的家具设计走向世界的更大突破。1935年,阿尔托夫妇与朋友一起创建了Artek公司,专为阿尔托设计的家具、灯饰及纺织品做海外推广。

■ 欣赏要点及提示

　　在现代主义建筑还未真正形成大的潮流的时候，各个国家都还在不断地进行探索和试验，试图找到更能适应社会进步的新建筑形式。与此同时，现代主义建筑的领军人物以他们杰出的才华引领着现代主义建筑的发展。

课题十三　后现代主义时代的来临

　　内容简介：后现代设计是在现代主义之后发展起来的一种设计，它对现代主义的突破首先是在建筑领域，大部分后现代主义设计师同时也是有影响的建筑师，他们认为现代主义只重视功能、技术和经济的影响，忽视和切断了新建筑和传统建筑的联系，因而不能满足一般群众对建筑的要求。

任务一　后现代主义的代表

■ 建筑艺术欣赏

图 4-21　博尼芳丹博物馆

图 4-22　旧金山现代艺术博物馆

图 4-23　奈尔森美术中心

图 4-24　芝柏文化中心

图 4-25　毕尔巴鄂古根海姆博物馆

■　建筑范例

【范例分析】

高技派

高技派，亦称"重技派"。"高技派"这一设计流派形成于在 20 世纪中叶，当时，美国等发达国家要建造超高层的大楼，混凝土结构已无法达到其要求，于是开始使用钢结构，为减轻荷载，又大量采用玻璃，这样，一种新的建筑形式形成并开始流行。到 20 世纪 70 年代，把航天技术上的一些材料和技术掺和在建筑技术之中，用金属结构、铝材、玻璃等技术结合起来构筑成了一种新的建筑结构元素和视觉元素，逐渐形成一种成熟的建筑设计语言，因其技术含量高而被称为"高技派"。突出当代工业技术成就，并在建筑形体和室内环境设计中加以炫耀，崇尚"机械美"，在室内暴露梁板、网架等结构构件以及风管、线缆等各种设备和管道，强调工艺技术与时代感。高技派典型的实例为法国巴黎蓬皮杜国家艺术与文化中心、香港中国银行等。20 世纪 50 年代后期，建筑在造型、风格上注意表现"高度工业技术"的设计倾向。高技派理论上极力宣扬机器美学和新技术的美感，它主要表现在三个方面：

1. 提倡采用最新的材料——高强钢、硬铝、塑料和各种化学制品来制造体量轻、用料少，能够快速与灵活装配的建筑；强调系统设计和参数设计；主张采用与表现预制装配化标准构件。

2. 认为功能可变，结构不变。表现技术的合理性和空间的灵活性既能适应多功能需要又能达到机器美学效果。这类建筑的代表作首推巴黎蓬皮杜艺术与文化中心。

3. 强调新时代的审美观应该考虑技术的决定因素，力求使高度工业技术接近人们习惯的生活方式和传统的美学观，使人们容易接受并产生愉悦。 代表作品有由福斯特设计的香港汇丰银行大楼，法兹勒汗的汉考克中心，美国空军高级学校教堂。"高技派"于20世纪80年代末传入中国，先是在建筑外立面幕墙上使用，90年代中期开始引入到公共建筑的内部空间，逐渐变成一股时尚的设计潮流。在近十年的发展中，这种设计风格发生了三次较大的演变过程。初期，设计师们只是将铝板、玻璃这种材料作为一种饰面材料来代替以往的夹板、石膏板等，还不知道如何来利用它的个性。随着实践的增多和观摩借鉴国外的同类作品，设计师们已经开始认识到运用"高技派"手法的两个特点：一是强调材料特征，用对比、类推、共生、重复、秩序等方式来构成空间；二是强调运用结构体系。

近年来，国内的设计师对"高技派"有了进一步的认识，对设计符号符合施工、符合构件加工的要求有了较深的理解，认识到"高技派"是推动装修行业工业化进程的一个非常好的方式。意识到它的加工要破除传统的半机械、半手工的加工特点，要工厂化批量生产——"工厂化"；既然成品、半成品是在工厂生产，那么就必须运到现场来组装，这就使设计要使用单元化构件——"构件化"，为使设计、加工方便需要采用大量的标准件，因此又提出了一个"标准化"。"三化"——工厂化、构件化、标准化正是大工业生产的必须条件和基础，目前装修行业还是半机械、半手工，要向前发展，必须走"三化"之路。现在"高技派"风格的室内装修中多使用金属材料、玻璃、石材这三大材料，其中金属材料以铝材、不锈钢为主。铝材有铝通、铝单板，其表面涂饰有氟碳喷涂、静电粉末喷涂、镉漆和本色四大工艺；不锈钢有钢通、板材和钢板网之分，其表面处理常用的有镜面、拉丝面、砂面、腐蚀面工艺，特别是在镜面不锈钢上加药水砂，其视觉效果很特别。玻璃从本身的功能来看有安全玻璃、艺术玻璃、普通玻璃，从饰面效果来分有焗漆、喷砂、药水砂、绿网砂等装饰工艺。

■ 相关知识

一、新理性主义

新理性主义20世纪60年代发源于意大利，是与后现代主义同时兴起的另一场历史主义建筑思潮。新理性主义既是对正统现代主义思想的反抗，也是对商业化古典主义、后现代主义的形式拼贴游戏的一种批判。主要成员包括C.艾莫尼诺、G.格拉西、A.罗西和卢森堡的R.克里尔、L.克里尔等人，其中尤以罗西和克里尔兄弟为代表。理性是一种以概念、判断、推理等形式逻辑为基础的精确的思维形式或思维活动。理性主义强调理性是知识的重要源泉，是规范知识的重要方法和标准，所以重理性知识、理智能力、理智控制，而对感性认识持贬低和否定的态度。看过沿袭演变的历史发现，和所有艺术一样，建筑风格也总离不开人们所处的地理位置、历史环境、传统习俗和文化艺术，这些不同国度、不同地域、不同民族，经过长期的实践和发展才形成各自不同的建筑风格。在希腊、罗马、法兰西、德意志、西班牙、俄罗斯，都有各自的建筑艺术和建筑风格。除了新古典主义，还有很多建筑风格，如：巴洛克、法国古典主义、哥特式、功能主义、古罗马、浪漫主义、罗曼、洛可可、文艺复兴、现代主义、后现代主义、有机建筑、折中主义等，但在今天如何更好地与本土化特色结合起来，批判地吸收这些古老的设计理念和风格为我所用，就需要仔细地思考。在欧陆风盛行的时候，不少城市的广场建设和住宅建设盲目模仿国外的建筑风格，不约而同地搞出了"罗马柱"、"罗马雕塑"，一味照搬，流俗以后迅速没落。国外建筑的经典作品是在一定的历史、地理条件下产生的，是很成功的建筑精品。如果我们不分国情、不加分析地搬进来，就会是败笔。在欧陆风过后，现代风格、板片组合、弧形格片屋顶飘板正在成为新的流行时尚。但如不加注意，很可能又会成为令人生厌的新的千篇一律。理性主义建筑在1936年发展到顶点之后，由于社会、政治等因素几乎消失，但是在1936年至20世纪60年代之间，在其他流派发展如火如荼的时候，理性主义的思想及创作理念的发展却从未间断。这其中伴随着对形式语言的更新的探索，对民族现实经济、技术、政治关系的关心，对建筑师的社会责任的认识。于是，在20世纪60年代的意大利，在新的历史条件下，出现了承袭于理性主义的新理性主义，它与后现代主义成为当今世界建筑思潮的两大倾向。

二、新地域主义

新地域主义，是指建筑上吸收本地的、民族的或民俗的风格，是指现代建筑中体现出地方的特定风格。作为一种富有当代性的创作倾向或流派，它其实是来源于传统的地方主义或乡土主义，是建筑中的一种方言或者说是民间风格。但是新地域主义不等于地方传统建筑的仿古或复旧，新地域主义依然是现代建筑的组成部分，它在功能上与构造上都遵循现代标准和需求，仅仅是在形式上部分吸收传统的动机而已。新地域主义是对全球化趋势的一种反拨。它着眼于特定的地域和文化，关注日常生活与真实亲近熟悉的生活轨迹，提取文化中更本质的东西，致力于把当地文化用先进的理念、技术表达出来，使建筑和其所处的当地社会维持一种紧密与持续性的关系。主要就是不要盲目抄袭异域风格，要突出地域传统的特点，要有自己的风格，在流传下来的古老风格上做升华，而不是抛弃。 地域主义并非是简单的采用"地方材料"或"结构"，这两点中的任何一个都无法与"全球化"相抗衡。"地域主义建筑"必须力图克服世界上不同民族之间的鸿沟……芒福德重新定义的地域主义，还担负着协调人与现实生活之间的关系的作用，使人们能够"感到安适自在"。

要真正描述新现代主义这一倾向所共有的实践特征是不容易的，因为地域主义可以是集体努力的结果，也可以是某个有才能的个人专心致志于体现特定地方文化的产物，但是有一点是清楚的，20世纪70年代以来的新地域主义实践首先是对任何权威性设计原则与风格的反抗，它关注建筑所处的地方文脉和都市生活现状，比后现代主义所提倡的文脉主义要表现地更为全面和深刻。后现代建筑师往往是将传统的形式作为符号，从历史中抽取出来用于新的建筑中，而新地域主义则是关注于那些试图从场地、气候、自然条件以及传统习俗和都市文脉中去思考当代建筑的生成条件与设计原则，使建筑重新获得场所感与归属性。

新现代主义特征：总的原则——回归自然，促进"可持续发展"。

1. 回应当地的地形、地貌和气候等自然条件。
2. 运用当地的地方性材料、能源和建造技术。
3. 吸收包括当地建筑形式在内的建筑文化成就。
4. 具有其他的地域所没有的特异性及明显的经济性。

三、解构主义

解构主义作为一种设计风格的探索兴起于 20 世纪 80 年代，但它的哲学渊源则可以追溯到 1967 年。当时一位哲学家德里达基于对语言学中的结构主义的批判，提出了"解构主义"的理论。他的核心理论是对于结构本身的反感，认为符号本身已能够反映真实，对于单独个体的研究比对于整体结构的研究更重要。在德里达看来，西方的哲学历史即是形而上学的历史，它的原型是将"存在"定为"在场"，借助于海德格尔的概念，德里达将此称作"在场的形而上学"。"在场的形而上学"意味着在万物背后都有一个根本原则，一个中心语词，一个支配性的力，一个潜在的神或上帝，这种终极的、真理的、第一性的东西构成了一系列的逻各斯，所有的人和物都拜倒在逻各斯门下，遵循逻各斯的运转逻辑，而逻各斯则是永恒不变，它近似于"神的法律"，背离逻各斯就意味着走向谬误。而德里达及其他解构主义者攻击的主要目标正好是这种称之为逻各斯中心主义的思想传统。简言之，解构主义及解构主义者就是打破现有的单元化的秩序。当然这秩序并不仅仅指社会秩序，除了包括既有的社会道德秩序、婚姻秩序、伦理道德规范之外，而且还包括个人意识上的秩序，比如创作习惯、接受习惯、思维习惯和人的内心较抽象的文化底蕴积淀形成的无意识的民族性格。反正是打破秩序然后再创造更为合理的秩序。解构主义是对现代主义正统原则和标准批判地加以继承，运用现代主义的语汇，却颠倒、重构各种既有语汇之间的关系，从逻辑上否定传统的基本设计原则（美学、力学、功能），由此产生新的意义。用分解的观念，强调打碎、叠加、重组，重视个体、部件本身，反对总体统一而创造出支离破碎和不确定感。

四、新陈代谢派

新陈代谢派是指在日本著名建筑师丹下健三的影响下，以青年建筑师大高正人、積文彦、菊竹清训、黑川纪章以及评论家川添登为核心，于 1960 年前后形成的建筑创作组织。他们强调事物的生长、变化与衰亡，极力主张采用新的技术来解决问题，反对过去那种把城市和建筑看成固定地、自然地进化的观点。认为城市和建筑不是静止的，它像生物新陈代谢那样是一个动态过程。应该在城市和建筑中引进时间的因素，明确各个要素的周期，在周期长的因素上，装置可动的、周期短的因素。1966 年，丹下健三完成了山梨县文化会馆。它较为全面地体现了新陈代谢派的观点。由于"新陈代谢派"内在不可克服的矛盾，无法把握实质问题，于是"新陈代谢派"的中坚分子都按照自己的理解来误读信息社会的特征，因而生发出种种的偏离：黑川纪章无奈地转向"新陈代谢派"的本义，即生物学倾向——以生物适应为基础的共生理论，从目前看来，这一支流后劲不足。矶崎新的历史后现代建筑虽然带动了日本后现代的探索，这一支在目前的活动基本上不属于主流。但是，由菊竹清训到伊东丰雄，再到妹岛和世和西泽立卫，这一支流却呈现出自己旺盛的生命力。

■ 欣赏要点及提示

后现代主义是 20 世纪 50 年代以来欧美各国（主要是美国）继现代主义之后出现的前卫美术思潮的总称。后现代主义设计思潮同后现代主义文化和后现代主义并不是一回事，它包含于文化上指称的后现代主义的范畴之内，但又有属于其自身的独特表征。我们不难看出，文化上的后现代主义是一个非常庞杂的体系，迄今也无一个明确界定和范畴，而它在哲学上的论述更是将解构主义（后结构主义）、女权主义等都涵盖在内了，这显然并不是后现代设计所要讨论的问题．就设计界理解的后现代主义而言，可认为它是发端于 20 世纪 60 年代，成长兴盛于 70～80 年代，而衰落于 90 年代的，以反对现代主义的纯粹性、功能性和无装饰性为目的的，以历史的折中主义、戏谑性的符号主义和大众化的装饰风格为主要特征的建筑思潮。

参考文献 ▒▒▒▒▒▒▒▒▒▒ REFERENCE

[1] 赵海涛，陈华钢．中外建筑史 [M]．上海：同济大学出版社，2010．

[2] 陈平．外国建筑史：从远古至 19 世纪 [M]．南京：东南大学出版社，2006．

[3] 陈志华．外国建筑史（19 世纪末叶以前）（第四版）[M]．北京：中国建筑工业出版社，2010．

[4] 吴庆洲．世界建筑史图集 [M]．江西：江西科学技术出版社，1999．

[5] 罗小未，蔡琬英．外国建筑历史图说 [M]．上海：同济大学出版社，2005．

[6] 罗小未．外国近现代建筑史（第二版）[M]．北京：中国建筑工业出版社，2004．

[7] 赵海涛，陈华钢．中外建筑史 [M]．上海：同济大学出版社，2010．

[8] 潘谷西．中国建筑史 [M]．5 版．北京：中国建筑工业出版社，2004．

[9] 北京市注册建筑师管理委员会．一级注册建筑师考试辅导教材（第 1 分册）[M]．2 版．北京：中国建筑工业出版社，2003．

[10] 罗小未，蔡琬英．外国建筑历史图说（古代 18 世纪）[M]．上海：同济大学出版社，1986．

[11] 星球大观·环球地理编委会．细说中国的世界遗产 37 地 [M]．北京：中国轻工业出版社，2009．

[12] 王天锡．贝聿铭 [M]．北京：中国建筑工业出版社，1990．

[13] 田学哲．建筑初步 [M]．2 版．北京：中国建筑工业出版社，1999．

[14] [美]R．斯特吉斯著，中光译．国外古典建筑图谱 [M]．北京：世界图书出版公司，1995．

[15] 针之谷钟吉著，邹洪灿译．西方造园变迁史——从伊甸园到天然公园 [M]．北京：中国建筑工业出版社，1991．

[16] 王世襄．明式家具珍赏 [M]．北京：文物出版社,2003．

[17] 濮安国．明清苏式家具 [M]．杭州：浙江摄影出版社,1999．

[18] 王朝闻．中国美术史 [M]．济南：齐鲁书社,2000．

[19] 张夫也．全彩东方工艺史 [M]．银川：宁夏人民出版社,2003．

[20] 李宗山．中国家具史图说 [M]．武汉：湖北美术出版社,2001．

[21] [美] 米里安·斯廷，森程嘉译．世界现代家具杰作 [M]．合肥：安徽科学技术出版社，1998．

[22] [英] 菲莉斯·贝内特·奥茨 . 西方家具演变史——风格与样式 [M]. 北京：中国建筑工业出版社，1999.

[23] 陈苑，洛齐 . 世界家具设计例说 [M]. 杭州：西泠印社出版社，2006.

[24] 李雨红 . 中外家具发展史 [M]. 哈尔滨：东北林业大学出版社，2000.

[25] 何镇强，张石红 . 中外历代家具风格 [M]. 郑州：河南科学技术出版社 ,1998.

[26] 王受之 . 世界现代建筑史 [M]. 北京：中国建筑工业出版社 ,1999.

[27] 沈福煦 . 建筑历史 [M]. 上海：同济大学出版社 ,2005.

[28] 李晓莹，李作龙 . 室内设计艺术史 [M]. 北京：北京理工大学出版社 ,2009.

[29] 张新荣 . 建筑装饰简史 [M]. 北京：中国建筑工业出版社 ,2000.